我的宠物书

宠物猫
常见 问题
家庭处置及护理

初舍 王杰／主编

中国农业出版社

U0238346

图书在版编目（CIP）数据

宠物猫常见问题家庭处置及护理 / 初舍, 王杰主编.
— 北京 : 中国农业出版社, 2017.8（2024.5重印）
（我的宠物书）
ISBN 978-7-109-22892-4

Ⅰ. ①宠… Ⅱ. ①初… ②王… Ⅲ. ①猫—驯养—图
解 Ⅳ. ①S829.3-64

中国版本图书馆CIP数据核字(2017)第092388号

中国农业出版社出版
（北京市朝阳区麦子店街18号楼）
（邮政编码100125）
责任编辑　黄　曦

北京中科印刷有限公司印刷　新华书店北京发行所发行
2017年8月第1版　2024年5月北京第7次印刷

开本：710mm×1000mm　1/16　印张：11.5
字数：220千字
定价：45.00元
（凡本版图书出现印刷、装订错误，请向出版社发行部调换）

目录

猫咪疾病常识储备

美丽的外表是健康的体现

目录

Part 5

每对母子都是生死之交

Part 6

危机无处不在

Part 7

其他猫咪常见疾病

目录

猫咪的不良情绪

猫咪疾病快问快答

Part 1

猫咪疾病常识储备

前方预警，猫咪病了

猫咪在患病时的异常表现其实很明显。只要平时对猫咪多加观察留心，铲屎官（因为主人们每日心甘情愿地为猫咪换便盆，所以有了这个称呼）们可以很敏锐地发现猫咪的任何一点小异常。同时，多积累一些实战经验，猫咪很多小毛病，铲屎官们都可以自行处理，避免小病拖大，让它白白受苦。

最让铲屎官们担心的就是猫咪生病了。平日里，铲屎官们可以从哪些征兆中看出它们生病了，从而早早做好准备呢？

Question 从哪些地方可以看出猫咪生病了，什么情况下要送到医院就医？

Answer
要想知道猫咪是否生病，可以观察它们是否出现了异常表现，比如从精神状态、营养状况、饮食规律、体温及呼吸、眼耳口鼻、体貌、体态等方面看看是否有变化。有没有呕吐、咳嗽和打喷嚏的现象。排尿、排便等是否正常。

1.精神状态不佳

尽管猫咪喜欢睡觉，但正常猫咪的睡眠是间断的，即深睡眠跟浅睡眠交替进行，并且对外界的声音保持着足够的警觉。处于浅睡眠状态的时候，它们会随时醒来，并且立刻作出反应。如果猫咪总是无精打采，双眼无神，躲在隐蔽角落，如床下、沙发下，任主人怎么呼喊、抚摸都无动于衷，则证明猫咪正在患病。病情越重，它对外界的声音、刺激反应越迟钝，严重时甚至会出现昏迷和反应消失。精神不振是很多疾病的征兆，当猫咪出现反应迟钝的情况时，一定要观察它的其他反应是否跟平时有出入，以判断病情，并及早带它就医。

另外，猫咪生病并不都表现为萎靡，也有可能出现过分兴奋不安、原地转圈、乱咬东西、乱叫以及狂躁等和平时完全相反的现象。

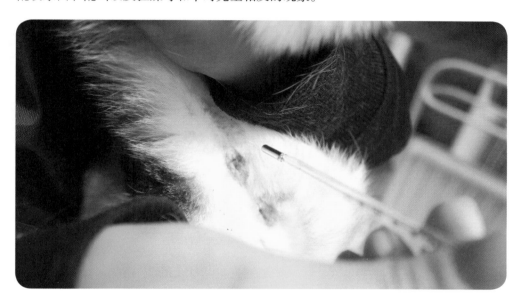

2.饮食异常

健康的猫咪饮食很规律。当它出现厌食和拒食，甚至对极能诱发食欲的罐头也不加理睬时，主人需要格外留心。较轻微的疾病是毛球症，若食量忽然增大但体重减轻，则预示其可能患有糖尿病。

3.体温升高

一般来说，健康的成年猫咪体温应该在38.7℃左右，但不应超过39.2℃。高于这个温度就说明猫咪发烧了，如果烧到40℃以上是件非常危险的事情。相反，如果体温低于这个范畴也是不正常的，特别是低于36℃，猫咪就很危险了，随时可能导致死亡。小猫的体温会偏高，39.5℃也是正常温度。而由于代谢比较慢，老猫体温普遍会低些，37.6~38℃也是正常的。

健康猫咪的鼻子应该是湿凉的，但注意湿润跟流鼻涕之间的区别。体温正在升高的猫咪，鼻头会发热、发干甚至龟裂。同时伴有喝水次数增加，精神不振、动作迟缓，食欲不振等其他一些现象。

4.呼吸急促

安静状态下，将手靠近猫咪的鼻子，它的正常呼吸为每分钟20~30次。次数过多或过少都是不正常的现象。尤其是发现猫咪呼吸急促、呼吸困难、鼻孔张大、用力呼吸时伴随腹部剧烈起伏的情况，则说明情况很严重，可能患有某种全身性疾病。

5.第三眼睑突出或有脓性、浆液性分泌物

猫咪的眼睛是出了名的漂亮，健康的猫咪眼睛灵动、明亮、有神采，两眼大小一致。

正常状况下，我们是不能直接看到猫咪第三眼睑的。猫咪眼角干净，无任何分泌物说明它们的眼睛很健康。如果观察到它的第三眼睑外露，并遮盖了一部分眼球，那说明猫患了眼病。眼病的严重程度与第三眼睑的外露程度成正

比。外露越多，眼病越严重。同时，眼角部会有脓性或浆液性分泌物。

如果发现猫咪只有单侧眼睛肿胀，则表明它眼睛有异物进入，有发炎或外伤的可能；双侧同时肿胀则表示猫咪心脏、肾脏可能出现了问题，严重营养不良和全身性疾病同样有这种现象发生。

6.耳朵不再灵敏或有耳垢

猫咪的听力十分灵敏。除了少数折耳、卷耳猫之外，正常猫咪的耳朵应该是活动自如的，两耳竖立，耳内干净无污物。当怀疑猫咪听力出现问题的时候，可以在它耳后轻轻拍掌，观察它对声音的反应。正常猫咪少有耳部抓挠动作，如果发现猫咪抓挠耳部且耳朵里面有黑褐色的耳垢，很可能患有耳螨一类的疾病。

7.口腔不再粉红

口腔的颜色可以说是猫咪健康的指南针。健康的猫咪口腔黏膜为粉红色，干净、无异味。牙齿是白色的。口腔内没有黏性分泌物、溃疡、水疱、溃烂、肿胀等情况。

猫咪发烧或患有口腔炎时，口腔黏膜变得潮红；贫血或失血过多时，口腔黏膜的颜色是苍白色；缺氧或病重时会变成青紫色。

当猫咪流口水时，要怀疑是否食入鸡骨头或针等尖利异物，或者观察一下它的口腔是否出现了溃烂，口腔溃疡严重时可能会是猫白血病。

8.体貌发生改变

健康猫咪被毛顺滑、柔软、浓密、有光泽，肌肉结实、身材健硕。行动自如，能准确地跳到想去的地方。

被毛粗乱、干涩、无光泽，身体消瘦、无力都显示猫咪消化系统不健康，无法正常吸收营养。如果被毛稀疏，部分区域还有斑秃和皮屑，这样的猫可能患有皮肤病。如果被毛内有小黑点一类的东西，那么猫身上可能有跳蚤一类的寄生虫。

9.体态不正常

猫咪健康时体态优美均衡，行走时平稳，跳跃时敏捷，躺卧时悠然自得。

如果猫咪突然出现站立不稳、身体无力、整日躺卧、脚步蹒跚、跳跃姿态变形等情况，需要格外留心。猫咪出现四肢不敢着地或者跛行的情况时，轻微的话可能是脚上扎刺，重则提示猫咪出现了骨骼问题，严重的话有可能是骨折。

猫咪腹围出现明显增大，腹部肌肉紧绷、叩诊时发出敲鼓声，如果不是因为其过于肥胖或处于怀孕期，都是胀气的表现。如腹围缩小，抵触叩诊则说明猫咪有腹膜感染的可能，这时猫咪常蜷缩起身体，采用压住肚子的姿势卧着，与自然弯成逗号的放松卧姿有着明显不同。

10.呕吐

生理性的呕吐是正常现象，可能是吐毛球，或是想将不容易消化的食物吐出来。

但持续性呕吐、吐黄水甚至吐血则属于病理性呕吐，提示患上了胃肠道疾病、发烧、感冒、肺炎、肝炎、食物中毒、食入异物、寄生虫、胃出血、胃溃疡等疾病，这些都属于不能掉以轻心的疾病。观察到猫咪持续呕吐时，可以先禁食禁水，喂乳酶生，如果症状消失恢复正常，则是误食导致的轻微的肠胃炎，可不必就医，如果呕吐持续且加重，则需立即就医。

11.咳嗽和喷嚏

咳嗽、打喷嚏、呼吸困难等症状，都提示着猫咪可能鼻支气管或者呼吸道出现问题。

12.排尿、排便异常

健康的猫咪排尿和排便次数、量的多少以及性状都应该是稳定的。

排尿不顺畅的猫咪会因疼痛显得烦躁。尿频、尿失禁、闭尿，或是出现尿血都需要及时就医，这些提示猫咪患有膀胱感染、肾脏疾病、阻塞等。一旦猫咪尤其是公猫泌尿系统出现问题，主人需要格外重视。猫咪憋尿超过24小时，会引发氮血症甚至肾衰竭及尿毒症，后果非常严重。

大便出现干、硬、少、色深，伴有少量黏液出现，则可能是由于便秘或慢性肠胃炎引起的。如粪便不成形或呈水样，混有黏（脓）液、血、气泡，则说明猫咪健康已经极度受损，病情严重。

如出现绿便、大便带虫等情况，一般是由于寄生虫感染引起的。

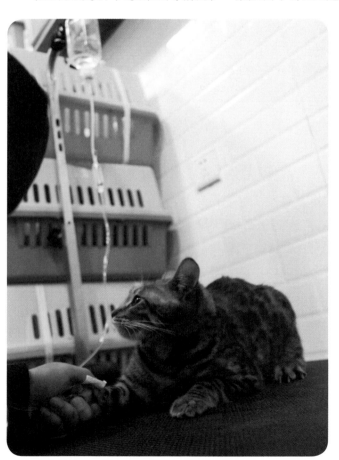

重点提示：

如果发现猫咪的便便带血，可不要掉以轻心。这有几种可能的情况，也许是受到了肠道寄生虫的感染，也有可能是肠炎或者肛门感染，甚至可能是患上了白血球减少症。

猫咪的常备小药箱

已经接种全疫苗非散养的猫咪，即使很少出门，也会因为接触到主人外出携带回来的细菌而染上疾病，同时还有一些常见的由于饮食不当引起的疾病，这些都可以通过服用合适的药物自行在家处理。猫咪其实是自愈能力较强的动物，只要主人护理得当，一般来说，很快就能恢复健康。

哪些药品是需要居家常备的，该如何使用？

止泻、止吐、促消化、改善呼吸道症状的药物，驱虫、眼部用药、皮肤用药、外伤处理工具都是需要家庭常备的。

止泻药　　猫咪的胃肠道非常敏感，因此需要常备止泻药，推荐婴儿用的妈咪爱以及思密达。注意根据说明书，按照猫咪体重计算用量。

止吐药　　在使用止吐药之前，需要对猫咪禁食禁水几个小时，让它的肠胃得到休息。

促消化药　　　乳酶生、酵母片、多酶片、健胃消食片等促消化药也应常备。当猫咪出现肠胃不适、轻微呕吐、拉稀或便秘等症状时，这些药都能促进猫咪的胃肠蠕动，调节胃肠功能，改善腹泻或便秘情况。

体内驱虫药　　　猫咪一年要进行两次体内驱虫。因此，家里需要准备猫咪专用的广谱驱虫药，并严格按照说明来执行操作，切忌使用人用驱虫药。

体外驱虫药　　　散养的猫咪一定要注意做好体外驱虫的工作。即使是足不出户的宠物猫，也有被传染的可能。这不仅危害猫咪的健康，还会传染给人类。所以一定要按时做好猫咪的体外驱虫工作。

眼药水　　　饲养鼻泪管短的猫咪家庭要准备猫咪专用眼药水。如果实在买不到，可以选择人用的氧氟沙星滴眼液或者氯霉素眼药水，但切忌使用过度，以免引发猫咪眼干症。

毛囊炎药　　　毛囊炎类似于人类长痘痘，是目前比较常见的一种猫咪疾病。如果买不到宠物专用的药物，可以用红霉素软膏代替。

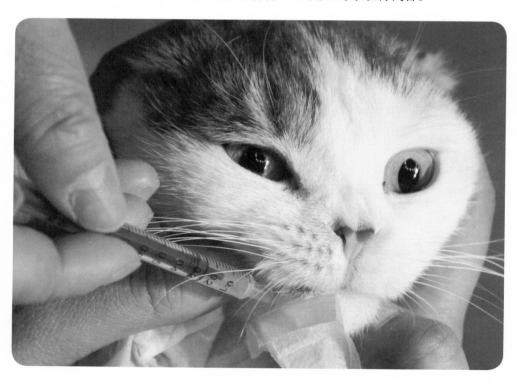

B族维生素　　　和人类一样，猫咪也需要补充B族维生素，对猫咪来说，这可是有效的除猫癣用药。

耳螨用药　　　最好去宠物医院买成套的耳螨药，包括耳螨油和洗耳液，而不能只用一种。

化毛膏　　　室内养的猫的一大健康问题就是容易患上胃毛球症，缓解胃毛球症的一个方法就是给猫咪使用化毛膏。

常备工具　　　（1）医用纱布绷带

　　　纱布用来包扎伤口和止血。当猫咪受伤出现大量流血的紧急情况时，可以立即用纱布紧绑住出血部位上端进行止血，然后再进行伤口的清理。同时，绷带还可以用作猫咪骨折时的固定工具，当猫咪出现骨折的情况，用绷带缠上木棍或木板夹住骨折的部位，然后尽快把它送医。

（2）剪刀

　　圆头医用剪刀最合适。用于清除伤口周围的毛发，以方便上药，使用前要进行消毒。

（3）酒精、双氧水、红霉素软膏

　　猫咪对碘分子严重过敏，甚至会致命，因此禁用含碘成分的常用消毒药水。

　　酒精棉球可以选择，但刺激性较大，多用于治疗猫咪毛囊炎。

　　外伤消毒最佳选择是浓度为3%的双氧水。

　　为猫咪的伤口消炎杀菌还可以选择红霉素软膏。

（4）生理盐水

　　用于直接冲洗伤口进行消毒。还可以用于腹泻之后的口服补液。

（5）医用棉签

　　常用于清洁猫咪耳道、牙齿或用于伤口涂药。须保证棉签卫生。

（6）云南白药

　　外敷用于伤口消炎止血，内服治疗猫咪摔伤导致的内出血。另外，也运用于治疗猫瘟。但要注意的是，云南白药必须保存得当，保证无菌，否则可能会造成伤口感染。

（7）注射器

　　多用于猫咪生病时喂药喂水。

（8）体温计

　　用于测量猫咪体温，用于确定猫咪是否发烧。

（9）伊丽莎白圈

　　防止猫咪外伤上药或者手术后舔舐伤口。

重点提示：

　　请将猫咪医疗卡、医生名牌、病历本跟常用药物放置在一起，以免临时要用找不到。

猫咪外伤如何处理

虽然猫咪对自己身体的控制能力超强，但别忘记了，它也是淘气的宝宝。尤其是猫咪身体强壮的时候，打架磕碰总是难免的。这种轻微的外伤，就不用劳师动众上医院了，主人自己在家就能处理，还能顺便"教育"一下猫咪。至于它们能不能因此记住不再淘气，那可就不好说了。

哪些外伤可以自己处理？哪些外伤需要送医？

视猫咪伤口的位置大小以及精神状况决定是否需要送医。

一般来说，大且深又流血不止的伤口最好送医处理；

如果伤口很小，而且基本也没有流血，在家里处理即可。

腋下、大腿根和关节等处的伤口，最好也请医生处理。

另外，有一些打架造成的咬伤，虽然伤口不大，但比较深。稍不注意容易化脓，就需要去医院处理。

一般来说，伤口暴露在空气中，愈合得更快。不建议给猫咪头上的小伤口蒙上纱布，它们会不停撕咬

纱布。但脚掌、腹部这种经常会接触地面的伤口需要裹上纱布来防尘。确有必要包扎，但考虑到猫咪会撕咬，直接给猫咪戴上伊丽莎白圈。

Question 常用的外伤处理方法有哪些？

Answer ①
用生理盐水进行冲洗。

有条件的情况下，当发现猫咪受伤时，主人首先要做的应该是用生理盐水进行冲洗消毒。可以在很大程度上避免伤口发生感染，尤其是伤口周围很脏的时候。

处理方式：

直接将生理盐水倒在伤口上进行冲洗浸泡。用无菌纱布拭干，如有必要，再有针对性地涂上药膏。

Answer ②
抓伤、咬伤先剪毛。

为了防止处理伤口时，附近的被毛将细菌带进伤口，应在消毒前先剪去伤口周围的被毛，使伤口外露。对于不出血的浅表伤口，撒些消炎粉，待猫咪自行恢复即可。流血的伤口要用力用绷带缠好伤口，迅速送往医院。

处理方式：

注意，由于猫咪牙齿和指甲上带有不少细菌，因此抓伤和咬伤的伤口比较容易化脓和感染，所以要注意检查打架后的猫咪的身体情况，当发现其体表有不明红点或很小的伤口时，主人可以轻捏伤口周围的皮肤，感受皮下阻力，同时观察是否已经变硬红肿。已感染的伤口千万不能用绷带包扎，应直接送猫咪去医院处理。

Answer ③
烧、烫伤须冰敷。

冰敷是处理烧、烫伤最简单的方法。

被化学药品灼伤处必须先用大量清水冲洗再就医。

处理猫咪冻伤的方法是：在发生冻疮的部位抹上医用凡士林药膏，再送医处理。

Answer ④
外伤导致皮肤大面积脱落不建议包扎。

猫咪因外伤导致皮肤大面积脱落时，请勿用干燥的绷带包扎，这会使绷带与肌肉粘连，送医后，医生再打开检查时，会造成猫咪巨大的疼痛。

Answer ⑤
不要自行取出猫咪危险部位的异物。

猫咪鼻腔里进入异物，一定要去医院处理。被插入猫咪身体关键部位的坚硬物体，如钢筋、刀具不适宜自行取出，否则会对猫咪造成二次伤害。

 nswer ⑥
不要随意移动因交通意外受伤的猫咪。

先粗略检查猫咪外伤的状况，不要轻易移动有骨折情况的猫咪，应就地取材找块薄木板从猫咪身下插入，再行转移。如发现猫咪血流不止，应找出出血位置，剪掉伤口周边的被毛后进行消毒止血。如有小型异物粘在伤处，如玻璃碎片，应先去除，做简易止血，并立即送医诊疗。

注意：

有的猫咪车祸后，暂时没有发现外伤，精神状态尚可，需要密切观察48小时。一旦出现血尿或呕吐等症状，或者病情恶化，应及时送医。

A nswer ⑦
取出刺喉的鱼骨。

猫咪被鱼骨刺扎的表现是这样的：它们会突然停止进食，不断用前脚擦拭嘴巴，可能有口水流出，并表现出十分痛苦的表情。

取出猫咪喉部鱼骨的方法：

用左手拇指和食指按于猫咪牙齿后方，迫使猫咪把口张开，轻轻拉出它的舌头，辅以手电筒照明。用镊子小心取出鱼骨，一旦发觉取出遇到困难不得要领，需要把猫咪紧急送医，不要勉强行事。

注意：

尽量不要给猫咪喂食没有去除鱼骨的鱼，以免发生不测。取出鱼骨时使用的镊子前端最好为圆形，以免猫咪挣扎时受到伤害。

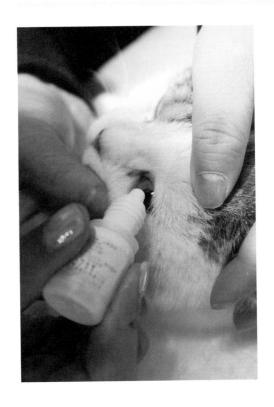

Answer ⑧
正确处置眼部异物。

猫咪眼部有异物的表现是这样的：猫咪会不断做出眨眼的表情，眼部充血或流眼泪。同时，它还会不断用爪子揉擦眼睛。

处理眼部异物的方法：

不要轻易使用人类眼药水来给猫咪点眼睛或水洗异物，送医比较合适。

注意：

就医过程中，为了防止猫咪不断揉擦眼睛，可使用绷带将猫咪前脚包住。

接近受伤猫咪要谨慎小心

　　救助受伤小动物时，首先要做到的是接近它，观察它的状态以及受伤的情况。这是一件比较棘手的事情，面对猫咪这种个性敏感，又身怀利爪的动物，一不小心，不仅没能帮到它，自己还可能受伤。因此，在接近受伤猫咪时，需要格外小心，尽量降低主人被攻击的可能。

可怜的猫咪受伤了，要怎么才能最有效地帮助它呢？

Question 在接近受伤猫咪时，需要注意哪些地方？怎么做能让它放下戒心？

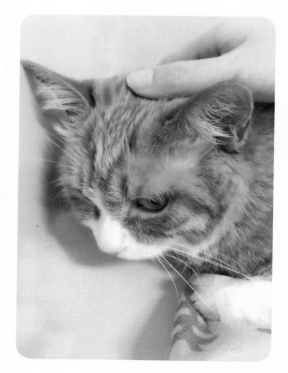

Answer 一般来说，猫咪在受伤的时候肯定也被吓坏了。此时，它的本能是会尽量躲开所有人对它的关注。而主人为了观察它的伤情，会将它逼到死角，让它逃无可逃。这时候，它的恐惧会上升到顶点，随时发动攻击。

接近受伤猫咪六步走：

①用平静而轻柔的声音跟猫咪说话，安抚它的心情。

②以谨慎而缓慢的动作接近猫咪，并接触它。

③跟猫咪保持一定距离，俯身蹲下来面对它，同时，继续轻柔地同它讲话。

④密切关注猫咪的眼神、姿态、动作、声音，并且正确理解这些所代表的含义。

⑤时刻注意猫咪的嘴巴和尖利灵活的爪子，同时观察它的伤情以做下一步判断。

⑥如果观察到猫咪蹲卧、蜷缩四肢，并在发抖，可以尝试通过缓慢的抚摸来安抚它。如果受伤部位不在脖颈部，抚摸的顺序可以从头连接背的部分开始。如果它没有反抗，或发出警告的声音，允许你这样做，可以把抚摸延伸到它身体的其他部分。耳朵、下颌都是可以让猫咪感到舒适的部位，慢慢猫咪就会平静下来。

重点提示：

当你发现猫咪瞪大了双眼，而两只耳朵往后背的方向竖起，同时还发出低吼声或者嘶嘶声，这个时候，你一定要及时停下手中的动作。因为这表示猫咪正处于极度的紧张之中，可能会给你带来伤害。

Question
接近受伤的猫咪后怎么控制它才能让它安定地接受治疗呢？

Answer ①

一般来说，控制猫咪最好有两个人。如果只一个人，需要打起十二分的精神。 当猫咪比较合作时，可以将它放在胳膊、大腿、桌子或者突起的表面上。

①当受伤猫咪为幼猫，并且有2人一起合作处理时可这样做：

1.
抓住猫咪脖子的皮毛向上提起。

2.
用另一只手抓住并托起猫咪的两条后腿，托住猫咪身体的重量，同时也能避免抓挠。

3.
将猫咪放在桌子上，控制住它，使受伤的一侧身体朝上并伸展开。

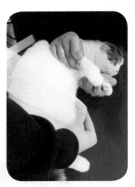

4.
让其他人缓慢地靠近，进行急救。

重点提示：

该方法不适用于成猫，它们体重过重。同时，抓住幼猫脖子后的被毛时，一定注意托住它们的身体，避免造成它们呼吸不畅，引起窒息。

②当受伤猫咪为成猫，并且有2人一起合作处理时可这样做：

1. 稳定住猫咪，将右手伸向猫咪的身体下方，使其胸部置于掌中。

2. 用右手将猫咪稳定抬起，让它安全地处于你的前臂和身体之间，同时，用右手抓住它的两条前腿。

3. 用左手轻挠猫咪耳朵可以使它放松。

4. 当猫咪有所反抗时，用左手轻抓其咽喉下方可以轻松控制住它。

5. 当猫咪完全被控制住后，可以让其他人缓慢靠近，为其检查或治疗。

③当只有一人处理受伤猫咪时：

1. 必须采用抓住猫咪脖子后皮毛的方法使其安定下来，并放置在桌子或其他平面上。

2. 如果猫咪反抗，将它放置在大而平的箱子中，也会起到使其平静的效果。

3. 迅速进行检查，进行外伤临时处理。

$\mathbf{A}$nswer ②
当猫咪不合作时，包裹控制是个好办法。

①受伤猫咪不合作，但有2人一起合作处理时：

1. 准备一条毯子或大毛巾将猫咪裹住，不要漏掉它的四只爪子。

2. 掀开猫咪受伤处，并让它保持身体其他大部分被毯子或大毛巾裹住。

3. 让另外一人进行检查治疗或急救。

重点提示：

如果遇到猫咪强烈反抗，则应保持包裹的姿态，将其放入猫包或者航空箱，带到医院进行治疗。

②受伤猫咪不合作，且只有1人处理猫咪时：

1.
用毯子或大毛巾整个裹住猫咪，包括四只爪子。

2.
将毯子或大毛巾的四角系起来以避免猫咪逃脱，再为其检查或治疗。

重点提示：

需注意的是，如果你不是一位资深的专业养猫人，最好不要试图独自处理不合作的受伤猫咪，否则结果很可能是你与猫咪"两败俱伤"。这个时候，将其放入猫包或者航空箱送医治疗是最好的选择。

量体温是个技术活

　　给猫咪量体温是在家体检的重要组成部分，是一件操作起来不太容易，又必须学会的事情。猫咪用体温计一般来说没有特殊要求，电子或水银体温计都可以。但水银体温计使用起来需要小心，因为很容易在猫的挣扎下碎裂。遇到不大配合的猫咪时，最好单独准备猫咪使用的温度计；临时跟人类共用体温计时，建议在体温计前端包裹保鲜膜，并在每次使用前清洁，使用后消毒。使用红外线耳温枪更简便，只需要将探测头稍微伸入猫咪耳朵，听到"哔"的一声之后，就能迅速测量出体温。大家可以根据实际情况选择使用哪种温度计。

给猫咪量体温是主人最烦恼的事情之一，有哪些技巧可以让主人轻松一点？

Question
什么情况下要给猫咪量体温？量体温的方法只有一种吗？

Answer
其实刚开始饲养猫咪的时候，最好定期给猫咪量体温，这样能够记录它的体温范围，可以及时发现猫咪体温的异常。

出现以下情况时，应该给猫咪测量体温：

①并不是夏天，猫咪却喜欢待在阴暗又清凉的地方。

②原本睡猫窝的猫咪突然趴在地上，鼻子又干又热，很有可能它发烧了。

③猫咪如果四肢冰凉，鼻子、嘴唇、舌头发白，需要判断它是否患上了低温症。此病严重时会导致休克或死亡，因此需要及时测量体温。

最常用的家庭量体温的测量方法是肛门测量法和后肢测量法。

（1）肛门测量法

这是医院常用的测量方法，测量的是直肠温度，测量时间短，对技术要求比较高。家里有人配合时可以尝试。

①用婴儿油等润肤露涂在体温计前段。

②将猫咪尾巴根部向上掀起来，用一只手握住。

③将体温计慢慢插入肛门内约2~3厘米。

（2）后肢测量法

这是一个相对简单，且适合在家使用的测量方法。但对猫咪稳定度要求较高，且必须由主人来操作。最好由两人配合。

①主人用抚摸和温柔的嗓音让猫咪放松、平静地侧躺下来。

②将体温计的测量端紧贴在猫咪的后肢和肚子之间的腹股沟部。

③将猫咪的腿放下来压住体温计，一位主人用手帮助它紧紧夹住3~5分钟。

④另外一个主人扶着猫咪的身体，用手摸猫咪的耳朵或下巴。

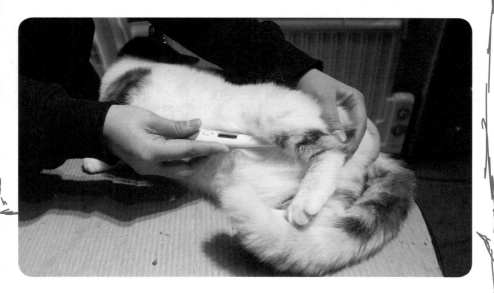

重点提示：

　　全程都需要在压紧猫咪后肢的同时扶着体温计，不可以松手。如果猫咪不配合，就得用绑定袋之类的工具让它不乱动。如果发现猫咪还是非常的不配合，连工具都安抚不了它，那么最好还是送医，千万不要冒险尝试，以免给猫咪带来伤害。

在下面这些特殊情况下，猫咪体温的测量会不太准确。

（1）天气炎热或剧烈活动后

不要在天气炎热时及刚进行剧烈活动后给猫咪测量体温。这时，猫咪的体温偏高，可以让猫咪在阴凉的地方休息，平静后再进行测量。

（2）情绪不稳定，害怕或紧张

发情期、害怕或情绪紧张的时候，猫咪体温也会出现波动。等猫咪情绪平静后再进行测量会得到比较准确的结果。

（3）大便异常时

猫咪大便异常时，可能会让体温计前端沾上过多大便，干扰体温测量的准确性。这时，需要把体温计清洁干净，再次测量。

（4）饱食过后

饱食过后，猫咪的体温也有可能由于进食的缘故而暂时性地升高。因此，最好在猫咪进食一段时间过后，再来给它量体温。

认真做体检，疾病不上身

　　不得不承认，有很大一部分主人只要猫咪没有明显的病症，从来不带猫咪去医院体检。他们往往存在这样的错误认知：自家的猫咪从不出门，能吃能喝能睡，没有必要去医院报到。这样既折腾猫咪，又浪费钱财。这真是大错特错！猫咪是一种很善于隐藏自己不适的动物。当主人可以轻而易举地发现猫咪行为异常时，比如当猫咪患有糖尿病，被发现时，它们往往病情已经恶化，接近死亡。定期的体检可以发现猫咪疾病隐患，对于老年性的疾病可以提前进行干预。如果猫咪一切安好，身体健康，宠物医生也会根据猫咪的特点提供包含食物、饮水、护理、运动、营养在内的养护指导。

猫咪多长时间做一次体检为好，需要做哪些项目的体检呢？
不同年纪的喵咪体检的频率不同：

1.一岁以下的幼猫，一年内应进行多次体检。

　　这是由于一岁以下的幼猫需要定期打疫苗，并且需要做绝育工作，因此一年内可能会多次进出宠物医院。

它们的体检项目包含：

常规检查　　了解猫咪年龄、品种、体重、日常饮食和护理的状况。

血液检查　　检查猫咪是否存在贫血、感染等问题，以红白细胞的各项指标作为判断寄生虫、免疫缺陷、呼吸道或者消化道感染等疾病的依据。

快速传染病筛查　　刚开始饲养的猫咪，都要进行快速传染病筛查。

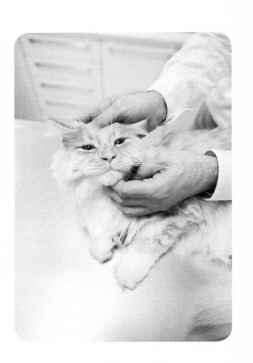

粪便检查　　粪便检查可以了解到猫咪是否感染寄生虫，感染何种寄生虫，或者是否存在一些菌群失调的情况。

X光检查　　对于某些特定品种的猫咪，需要进行相应的骨骼检查，以便主人在日常生活中，对它们这些部位格外关注。

2.一岁至六岁之间的成年猫咪，一年进行一次体检足以。

一只正常饲养的猫咪可以在打疫苗的同时顺便体检。

它们的体检项目包含：

常规检查　　多关注猫咪牙齿，成年后尤其是中年的猫咪，或多或少都会有牙周疾病。牙周疾病任其发展下去会引发其他重要脏器的疾病。

血液检查　　包括红白细胞的比例以及血液生化检查两项。用以判断身体是否存在贫血、细菌病毒感染、寄生虫感染等情况，以及猫咪身体各内脏器官，如肝、肾、胰腺等是否存在功能上的异常。同时可以根据血液中的离子、血糖、血脂总蛋白等指标，判断是否存在异常。

粪便检查　　主要是为了检查猫咪是否感染寄生虫，有没有出现消化道菌群失调和消化道紊乱的状况。

尿液检查　　尿液颜色、气味、沉渣、pH等状态可以体现猫咪泌尿系统的健康程度。主要是为了检查出猫咪是否存在结石、感染或身体出现某些中毒的状况。

淋巴结触诊　　　淋巴结对人类来说是非常重要的触诊器官，对猫咪来说也一样。医生对猫咪进行淋巴结触诊，能对一些特殊的疾病进行早期预防。

腹部触诊　　　消化道疾病是猫咪最容易患上的疾病之一，因此医生定期给猫咪摸一摸肚子，能了解它日常的消化情况，从而开出适合它的饮食调整方子。

3.六岁以上的猫咪，需要每半年进行一次体检。

如果老年猫咪患有如心脏病、肝病、肾病、糖尿病等慢性疾病，应根据医生的建议更换饮食以及按医嘱复诊。

体检项目包含：

体格检查　　　当猫咪慢慢老去，它的体格也有可能发生变化，如果体格变化非常大，就有可能是身体发生了严重的病变。

血液检查　　　检查猫咪有没有凝血功能障碍，判断肝功能、病毒或细菌感染和血液的其他异常情况，及早发现器官衰竭和病变。

**内分泌
检查**　　　　对猫咪来说，内分泌失调也是个大问题，因此在猫咪进入老年时，要定期筛查甲状腺机能以及早期糖尿病。

心电图　　　　心电图+血压配合心脏彩超，这些检查专门用来监测心血管系统的情况。

**B超、
彩超检查**　　　　检查猫咪心肺功能、胸腹部脏器和气管、血管、淋巴的形态，判断其有无异常、积液、肿瘤风险等。

X光检查　　　　进入老年的猫咪们，主人要格外关注其骨骼退行性变化，尤其是一些特殊品种的猫咪，可能更容易患上腰椎疾病。

尿液检查　　　　对老年猫咪的尿液进行检查，主要是为了筛查肾脏衰竭和泌尿系统的问题，这些都是老年猫咪的常见病。

Question 去医院检查之前，需要做哪些准备工作？

Answer 这些准备要记清。

猫咪不会说话，在医生进行检查的短短几十分钟或者几小时内不一定会观察到猫咪的异常表现。主人平时在家的时候，应认真观察猫咪的精神状态、外貌、行为的改变以及大小便情况等，以便及时反馈给医生判断。必要时需要通过录像、录音的方式向宠物医生反映宠物的异常行为。

常规检查、血液检查、X光检查、B超检查都没有特殊禁忌，主人不需要做特殊准备。如果要做粪便和尿液检查，最好到医院前先不要让猫咪排尿。如路途遥远，可以提前2小时收集猫咪新鲜、未受外界感染的粪便，分量约5克，一个核桃左右的大小。如果猫咪需要麻醉，则提前禁食8小时，禁水2小时以上。如果需要做内分泌检查，需要提前与医生沟通最近宠物使用的药物的情况。

给猫咪喂药不简单

尽管大多数兽用的药品味道都不大，甚至有些还做成了跟儿童药品一样的水果口味，但这并没有让给猫咪喂药这件事变得简单一些。因为猫咪根本就尝不到甜味，这些味道对它们来说毫无意义。猫咪就像小孩子一样任性，它们的关注点都在生理的不适上，不会对任何吃的东西感兴趣。它们会疯狂甩头、到处吐唾沫，搞不好还用利爪跟尖牙给主人来上那么一下。可以说，主人喂得心力交瘁都不见得能把药给猫咪喂进去。

猫咪抗拒吃药的原因：

- 不喜欢药的味道
- 对食物敏感
- 性格警觉
- 吞咽能力一般
- 对人类诡异行为不信任等

Question
怎样给猫咪喂药才会顺利一些，有没有让猫咪主动吃药的方法？

Answer
如果猫咪还愿意进食，把药物拌进食物或者抹在猫咪鼻子附近，可能是两个能够让猫咪主动把药吃进肚子里的方法。但这两种方法也是有局限性的，并不适用于所有类型的药物。

（1）药膏最好让它舔

膏状药物最好的喂食方法是抹在猫咪鼻子靠下的位置及嘴唇边缘，出于本能，猫咪会把药舔进嘴里。

（2）粉末混进湿粮

①如果药品本身没有什么不好的味道，猫咪又还有食欲，可以直接把粉末拌进湿粮让猫咪自己吃掉比较省力。注意湿粮的分量，刚开始可以取平时食量的1/3混入药粉，等它吃完后再给它吃剩下的量，这样能避免吃进去的药物分量不足。

②如果药品本身的味道很奇怪，或是猫咪不肯吃混有药粉的食物，可以准备一个没有针头的注射器，将药粉用纯净水化开，装入注射器。从猫咪嘴角边最边远的空隙处缓缓注入，让猫咪喝掉。

重点提示：

把药粉混入牛奶中喂给猫咪，一来，药粉可能无法完全溶解在牛奶中，猫咪也不一定能喝完全部牛奶，这样会导致药量摄取不足；二来，有部分猫咪患有乳糖不耐症，如果因此引起胀气腹泻，相反会加重病情。

（3）喂食片剂最费力

不建议把片状的药品弄碎后化水喂给猫咪。某些药片不一定完全可溶于水，并且对起效时间也有影响，加上喂药过程中猫咪不配合，也会让药效产生损失。如果智取不行，就只好强攻了。这个过程最好是有两个人协同参与。

1. 一人用布或者毯子包裹住猫咪，只露出猫咪的头部，抓住它的前脚，将猫咪固定。

2. 另一人一手扶住猫咪的头，让它的头朝天往后仰，并用拇指和食指从猫咪吻部向后顺，将它的嘴巴压开。

3. 固定住猫咪的人将手指从左或右插入猫咪口中，将其嘴巴撑大。

4. 将药片尽量对准猫咪喉咙深处，投到比猫的舌头中段还深入的地方，使它无法吐出。

5. 用注射器吸入一毫升左右的清水，从猫咪嘴角注入。

6. 把猫咪嘴合拢，轻抚其喉部，帮助它把药片吞咽下去。

Question
为什么给猫咪喂药的同时要喂水？还有没有别的辅助喂药的工具呢？

Answer
如果只是把药片喂进去，没有喂水的话，药片没有及时到达胃部。猫咪还是有可能把它吐出来的。

现在还有一种喂药器，可以深入猫咪的口腔，将药片推进喉咙。但这种工具使用起来依然得配合绑定猫咪的手法，不然，猫咪容易在挣扎中被弄伤。

另外，喂药零食是专为解决猫咪吃药难题发明的"功能食物"，可以把药片包裹在其里面让猫咪吃下去。如果猫咪喜欢，一切就容易许多了。

Part 2

美丽的外表是健康的体现

让"宝石眼"终生闪耀

猫咪的眼睛特别明亮且美丽，因为在黑夜中会发光，又被人称为"宝石眼"。其实，在完全漆黑、没有一丝光线的环境中，猫眼跟我们人类差别不大。但只要有一丝光线，猫眼便可以搜集到它，并加以利用，看清楚东西。不同品种的猫咪眼睛颜色不尽相同，这是由于不同颜色的色素沉积在不同猫咪的眼底视网膜上，使它们视网膜上颜色各异。很多时候，人们也通过猫咪眼睛的颜色鉴定猫咪是否为纯种猫。如果一只猫咪从外形上看和某纯种猫一模一样，但眼睛颜色不符合该纯种猫的眼睛颜色，也说明这只猫不是纯种的。

为了让喵星人的"宝石眼"终生保持闪耀明亮，我们应当在它们年轻的时候就开始对它们那美丽的眼睛加以保护。

Question 猫咪不会看视力表，有没有简单的方法测试出它的视力出了问题？

Answer 谁都无法想到，"捕猎高手"猫咪其实是"近视眼"！

猫咪最多只能看清10~20米以内的静止的物体。它们之所以能够灵巧地捕捉猎物，是因为对动态物体非常敏感。即使身处暗处、50米开外，只要是活动的物体，它们能准确看到对方的动作。不过，猫咪的视力随着年龄的增长会慢慢地发生退化。而且在伤病的影响下很有可能会失明。一般的视力表失是逐步的，猫咪也会逐步适应和补偿自己所丧失的视力，主人常常没有意识到猫咪的视力已经变得很差了。而对于突然丧失视力的猫咪，主人会比较容易发现。

主人可以主动测试猫咪的视力是否异常：

①动作缓慢地将手指移向猫咪的眼睛，尽量轻柔且不带风声。不偏头躲开的猫咪，说明视力可能出现了问题。

②猫咪眼睛在较暗的环境中被明亮的光线照射，瞳孔会马上收缩。如果猫咪没有收缩瞳孔也没有眯眼躲避光线，则说明视力异常。

③在陪猫咪玩耍时，可以将落下时不发出声响的物体从猫咪头顶放下，棉絮或羽毛这种下落速度较慢的物体比较适合，猫咪会紧盯它落下。没有立刻察觉的猫咪，可能有弱视的问题。

④在猫咪经常走动的地方放一些障碍物，能准确绕过去的猫咪视力才正常。

⑤猫咪在高处会先伸展几次四肢做测试动作，毫不迟疑地往下跳的猫咪可能出现了视力障碍。

突然出现视力障碍的猫咪会有一些特殊表现：

（1）不愿意离开安全地带

突然失明的猫咪会变得不愿意离开猫窝，猫厕所也不去了。

（2）性格改变

猫咪突然变得孤僻，原本还能积极跟主人互动玩乐，突然不回应了。

（3）身上出现细小的伤痕

因为视力不佳，猫咪对环境的敏锐度降低，便会发生一些磕碰，因此，身上会出现较多伤痕。

（4）不停哀嚎

还不适应视力丧失时，猫咪会变得迷茫恐惧。尤其是主人安慰它时，它会不停发出悲鸣。

Question 猫咪常见眼部疾病有哪些，该如何处理与治疗？

Answer 如果说视力衰退大部分是源于正常的器官老化，那么在猫咪短暂的一生中，还将不可避免地出现一些眼部的异常或疾病。只有了解这些疾病相关的知识，主人才能在心爱的猫咪发病时，准确做出判断，防止病情延误。

**第三眼睑
脱出**

　　第三眼睑，又称为瞬膜，位于猫咪的内眼角，猫咪健康时，第三眼睑是不会外露的，且眼角没有任何分泌物。如果第三眼睑外露，说明猫咪患了眼病。外露得越多，眼病越严重，而且眼角部分会有脓性或浆液性分泌物。

这种病的原因尚不完全明朗，可能由如下原因引起：

　　①病毒引起。病毒引发眼球肌能减退，肌肉缩进眼窝，或者眼底脂肪组织块体缩小，导致眼球后移，使第三眼睑向前挤压。

　　②肠胃不舒服、慢性寄生虫病、食欲减退、发烧、中毒或多神经节萎缩，这些都有可能引起第三眼睑脱出。

　　第三眼睑脱出会影响猫咪的视力以及美观，若未自行消失，需要去医院做更详尽的检查，主人不要自行治疗。切勿触摸导致感染。

泪溢症

泪溢症是由于猫咪泪水分泌过多或泪管阻塞引起的一种不正常的流泪现象。通常，患有此病的猫咪，眼睛下方的被毛会被染成茶褐色，眼角总是湿湿的。另外，眼睛过敏、受病毒感染、结膜炎、角膜炎、呼吸道感染亦有可能引发泪溢症。

波斯猫、异国短毛猫这些脸型短的猫咪是泪溢症的高发种群。所以这些猫咪的主人们应该每次在做体检时着重眼睛部位的检查。

该病通常有两种治疗手段，但各有弊端。

①口服药物停药会复发。

②手术治疗如果处理不当，可能会导致后遗症。

因此，该病主要靠预防与清洁。

清洁的时候可以这样做：

①仔细检查猫咪眼睛看有没有视觉障碍，有的话请先就医治疗。

②拿一片干净的卸妆棉用温水蘸湿，轻轻覆盖猫咪的眼睛，使眼部污垢软化后擦掉。使用棉签会比较干净，但如果猫咪不配合，容易戳到眼睛。

③换新的卸妆棉粘上猫用去泪痕粉剂轻擦眼周围，注意避开眼睛。

④使用人用小眉刷，顺着眼部被毛生长方向梳理，注意力度，不要戳到猫咪眼睛。

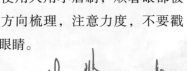

⑤使用猫用眼药水或者用人工眼泪滴眼液对猫咪眼睛进行冲洗。

⑥让猫咪闭上眼睛，使溢出的液体尽量保持在有污痕的地方，防止被污染的液体流回猫咪眼睛里。

⑦用干净的纸巾仔细将猫咪眼睛、眼窝和脸部擦拭干净。

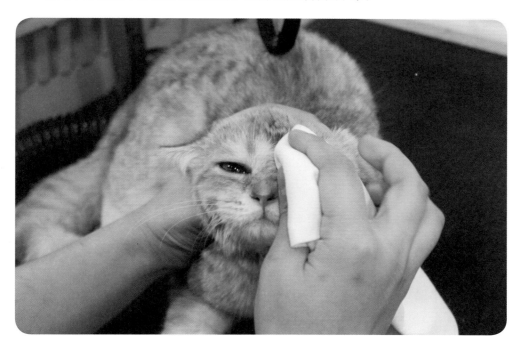

眼睑内翻　　大多数眼睑内翻是天生的，少部分是由于意外导致眼睑受损出现内翻的情况。眼睑翻向眼球面使睫毛刺激角膜受伤、流泪，并引起角膜炎、角膜溃疡等。多数猫咪是在开始睁眼时感染。病久会造成角膜溃疡及穿孔，视力减退或丧失。

眼睑内翻必须在角膜受损之前或者受损程度不严重前尽快进行手术。

①轻度内翻，可采用眼睑皮肤缝合术消除睫毛对眼球的刺激。

②年龄较大且内翻严重的猫咪，则需要进行手术矫正。

③用氯霉素眼药水、可的松眼药水交替点眼，可控制炎症。

眼睑外翻 　　　　一般来说，眼睑外翻也是遗传造成的，主要表现为眼睑下垂或外翻，导致眼睛异常暴露。也有一部分是因为猫咪被咬伤、交通事故等外伤所造成。

眼睑外翻造成的不良后果：

由于眼睛异常暴露，猫咪眼睛的湿润度、角膜清洁效率降低，导致猫咪患上干性角膜结膜炎。同时，由于感染细菌和过敏，猫咪也容易患上角膜炎。

跟眼睑内翻一样，眼睑外翻的治疗也必须在受损程度不严重前进行：

①轻度眼睑外翻，不需要治疗。但要注意给猫咪使用人工眼泪，避免造成眼睛干燥。

②对于结膜炎和角膜炎这些由眼睑外翻引起的病症，则需对症治疗。

③严重的眼睑外翻，由于经常刺激眼睛，必须及时通过外科手术进行矫正。

结膜炎　　　结膜炎是猫咪易患且较普遍的眼病之一。

猫结膜炎分类：

①原发性结膜炎，由结膜外伤或异物刺激所致，如昆虫、异物、化学药品等进入眼睑。多见于幼猫。

②继发性结膜炎，由猫眼邻近的器官炎症引起，如眼睛被细菌、病毒或寄生虫感染；猫感染呼吸系统传染病和感冒时较为多见。

猫患结膜炎的症状为：

- 患眼肿胀
- 羞明流泪
- 眼睑常被血脓黏合
- 结膜潮红
- 血脓性分泌物
- 稀薄或呈黏液性分泌物

家庭治疗结膜炎：

1. 将双手洗净，用脱脂棉蘸上3%硼酸溶液或温热的淡盐水为猫咪敷眼睛。

2. 动作轻柔地扒开猫咪的眼皮，挤入1~2滴氯霉素或者氧氟沙星。

3. 用手帮助猫咪活动眼皮，以便药物渗入眼睛各处。

注意事项：

①应注意给幼猫剪指甲，尤其是家里有多只幼猫时，一定要防止它们打闹时抓伤眼部。

②如果是因为其他传染病引起的结膜炎，应同时治疗。

③给猫咪治疗时，最好将它放在光线较暗的地方。

④如果猫眼充血肿胀严重并发其他疾病，自己无把握处理时，应立即送宠物诊所由兽医治疗。

角膜炎　　角膜炎是角膜组织发生炎症的总称，以长毛猫最为常见。病例多由外伤、异物、不当药物、感染所引致，也有的原因不明。

角膜炎的类型：

- 先天性角膜炎
- 过敏性角膜炎
- 溃疡性角膜炎
- 坏死性角膜炎等

角膜炎的特征：

- 角膜浑浊
- 角膜赘生
- 角膜溃疡
- 角膜穿孔
- 角膜斑

正常情况下，猫咪的角膜是透明的。

角膜炎一般伴发充血性结膜炎。初期呈现羞明流泪、疼痛、结膜潮红、眼睑闭合等症状。随后逐步发展为角膜混浊、溃疡，有浆液或脓性眼分泌物，视力严重障碍。

角膜炎的急性期以怕光、流泪为主，逐渐形成角膜浑浊，并增厚成翳；角膜中央处出现破损，形成溃疡。此时如不及时治疗，可能出现穿孔，难以痊愈，并引起全眼球炎。

外伤性角膜炎如果出现感染、化脓、溃烂，同时还会伴随发烧与精神沉郁。

猫咪出现角膜炎症状时，应先送医治疗，再进行家庭处理。轻微的非细菌、病毒性角膜炎，可在医生指导下运用眼药水治疗。

①点眼药之前，先用人工眼泪清除猫咪角膜和结膜囊内的异物和分泌物。

②用氯霉素眼药水配合阿托品点眼。

③在非细菌、非病毒性炎症且猫咪角膜没有产生破溃时，使用可的松眼药水与抗生素眼药水合用，消除角膜表面的混浊。

小耳朵内藏大乾坤

猫咪的耳朵不仅仅能察觉到细微的声音，更是猫咪表达感情的重要器官。所以，千万不要让这么可爱的小耳朵患上疾病。健康猫咪的耳朵外表面有一层毛，没有秃斑，呈现干净的浅粉色。内耳干净、无杂物或异味，也没有耳垢，猫也不常挠它。不过，由于脂肪分泌过盛，猫咪耳朵里可能会黏糊糊的，这是正常现象，但要注意发生疾病的可能。耳部感染和其他耳疾是猫咪身上的常见病。虽然主人很难自行判断猫咪耳朵感染的原因，但可以很容易判断出猫咪耳朵是否受到了感染。

应该如何小心呵护自家猫咪可爱的小耳朵呢？

Question
猫咪耳朵发生感染有哪些表现，不同耳疾的表现是否有不同？

Answer
不管是什么原因造成的耳部感染，可观察到的猫咪耳朵异常症状都是相似的。如果出现下列情况，表明猫咪耳朵已经出现了异常，应及时带到医院做详细检查。

猫咪耳部感染症状：

- 不断晃动或倾斜脑袋
- 表现痛苦，不断抓或扒耳朵
- 耳周脱毛或结痂，有抓痕
- 耳部出现黑色、黄色分泌物
- 耳道内出现褐色碎渣
- 耳道发红或肿胀
- 耳道耳廓出血
- 耳内散发难闻的味道
- 听觉不再敏感
- 失去平衡

Question 是什么原因导致猫的耳部感染，如何避免出现感染？

耳部感染原因：

- 真菌或细菌过度生长
- 耳蜡堆积在耳道
- 耳道中浓密的毛发
- 异物如猪鬃草
- 环境刺激
- 洗耳不当
- 其他

Answer 猫咪自理能力很强，经常出现耳部感染的情况很少见。如果发生，其原因可能很复杂。

①大约有一半猫咪耳部感染的罪魁祸首是耳螨。

②继发过敏、异物或耳垢在耳道中引起的反应也是引发外耳跟内耳感染的重要原因。

③另有一些耳部或其他疾病，也会导致猫咪耳朵出现感染的症状，如：

- 甲状腺功能减退症
- 自身免疫性疾病
- 耳道内肿瘤
- 耳膜破裂
- 糖尿病

经常检查猫咪耳朵，确保没有发红、异味，很少或没有耳垢，这样可以防止耳部感染。经常性使用清洁液是保持猫咪耳朵健康的重要手段之一。

准备工作：清洁猫耳专用滴耳液、装有温盐水的碗、化妆用棉签、没有针头的注射器。

清洁前检查：把猫咪的耳朵翻扣在头上仔细观察，千万不可将任何东西伸入耳道内，以免弄伤猫咪。

①猫咪的外耳廓有污物时，用棉签蘸些温盐水，动作轻柔地呈环式清洗。

②如果内耳有耳垢堆积，用注射器管吸0.3毫升洗耳液滴入耳道，轻揉耳根1分钟。

③再次清洁耳道，擦干即可。

不必过于频繁地清洁猫咪耳朵，大约40天护理1次，或等耳朵脏了再清洁即可。

Question 常见的猫耳部感染包括哪些，如何治疗？

Answer

常见的猫外耳疾病有外耳炎、中耳炎以及内耳炎。

外耳炎 外耳炎指猫咪外耳道包括耳廓的炎症。多发于夏季，耳下垂和长毛的猫种易患此病。

高发年龄与种类：

全年龄猫咪均可感染，长毛猫、幼猫、老猫，所在环境不清洁更容易引起外耳炎。

引发外耳炎的原因：

● **异物**　● **耳道结构狭小**　● **寄生虫感染**　● **机械性刺激**

①摩擦、搔抓以及某些机械性刺激会引发外耳感染。

②草芒、毛发、泥土、昆虫等异物入耳，对耳道皮肤产生刺激，引起耳道感染。

③某些小型长毛猫耳道结构异常狭窄，如果耳部被毛很长，就会造成耳道内部温暖潮湿而感染真菌，引起外耳炎。

④耳螨寄生并刺激猫咪外耳道可诱发外耳炎。

外耳炎的主要症状表现为：

发病初期，猫咪外耳道皮肤充血、水肿、发热、瘙痒，猫咪出现坐卧难安、瘙痒、摇头抓耳、嚷叫等表现。观察耳道可以看到渗出淡黄色浆液性分泌物，这些分泌物甚至可以从耳道内流到耳朵下面的被毛上。

病情加重后，猫咪痛苦不安、食欲降低、体温有时升高、听觉降低。观察外耳道，可看见皮肤肿胀程度加剧，甚至出现脓疱或皮肤局部坏死。耳道内流出的液体由淡黄色浆性分泌物变成棕黑色带有恶臭的脓性分泌物。耳下被毛被流出的分泌物黏住、脱落、发生皮炎。耳道上皮及皮下组织增生，耳道管腔变狭窄，听觉减退。

通过耳垢以及分泌物形状确认病原：

①黄褐色易碎耳垢为酵母菌或变形杆菌感染。

②淡黄色水样脓性分泌物，并伴有恶臭味的耳垢为假单胞菌感染。

③耳道内找到螨虫则提示感染耳螨。

家庭防治措施：

①非脓性外耳炎：用脱脂棉球塞住猫咪外耳道，剪去它耳根部及外耳道被毛，用生理盐水冲洗外耳道，取出脱脂棉将外耳道擦干净。用硼酸甘油或鞣酸甘油涂擦外耳道，每天1～2次。

②化脓性外耳炎：方法跟非化脓性外耳炎相同，用药时改用金霉素、红霉素等抗生素软膏挤入耳道内。化脓严重时，每天重复1～2次。注意不要让内耳道进水。

③耳螨引起的外耳炎：应用杀螨剂滴入耳道内，双手捂住猫咪的耳朵，揉搓，用干净的脱脂棉将脏污擦净，每日1次。

④皮上或皮下组织增厚时，先用碘膏使增厚消失，再涂抹消炎软膏。

重点提示：

当猫咪出现体温升高时，需要使用抗生素全身治疗，以防继发中耳炎、内耳炎甚至耳聋。注意根据猫咪体重投喂相应剂量，避免药物过量。症状严重时及早就医。

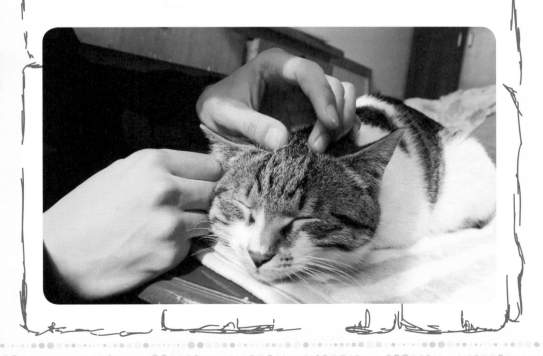

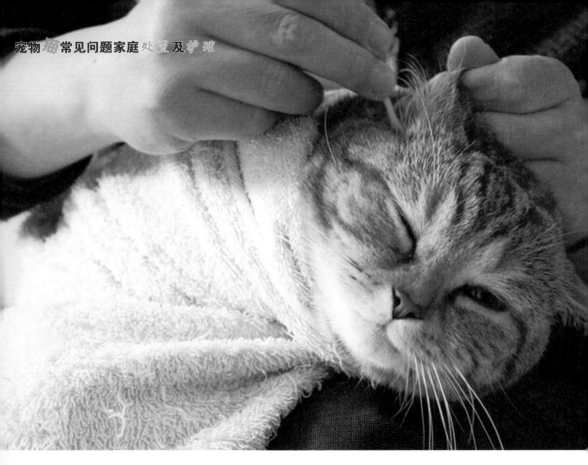

**中耳炎
内耳炎**

猫中耳炎和内耳炎是都是耳鼓室的炎症，常同时或相继发生。外耳炎恶化或细菌经血行感染会诱发中耳发炎。如果进一步则诱发内耳炎，将直接影响猫咪听力、平衡感，甚至会造成猫咪听力永久受损。

中耳炎、内耳炎的症状基本与外耳炎主要症状和病理变化类似，观察可发现，猫咪内耳流出有臭味的黑褐色黏液性分泌物。猫咪出现不安、抓耳、共济失调等症状。多数患有中耳炎和内耳炎的病猫，常因鼓膜穿孔而引起耳聋。严重的炎症还会侵及面神经、副交感神经，引起面部麻痹和鼻黏膜干燥。

家庭防治措施：

①患上中耳炎及内耳炎的猫咪，需要送医麻醉后经耳镜检查。

②医生会采取局部手术治疗后应用抗生素全身治疗，主人需要全力配合。

③因为中耳炎及内耳炎转为慢性时，疗效不佳，主人需要加强饲养管理。注意猫咪耳朵卫生，同时避免洗澡时将水灌入猫咪耳内。及时治疗耳螨。

传情达意 全靠的是鼻子呀

　　猫咪的鼻子很重要。它们通过嗅觉寻找食物，感知温度、熟悉环境，甚至猫咪的爱情也是靠嗅觉成全的。它们能嗅出数百米之外异性猫发出的气味，并借此联系。它们将自己的气味蹭在主人身上，以方便自己辨别。它们通过互相嗅闻，判断是否"臭味相投"。因此，对猫咪来说，气味和嗅觉的作用是多方面的。

主人切莫忽视猫咪鼻子的问题，要知道，如果闻不到气味，很多猫咪会拒绝进食从而导致死亡。主人们一定要重视起来。

Question
常见猫咪鼻部疾病有哪些，应该如何应对治疗？

Answer

以前，提到关于猫咪鼻部疾病，人们首先想到的是传染性鼻气管炎，又称猫鼻支。因为一旦猫咪被传染，会导致上呼吸道发生病变，流鼻涕、眼睛发炎流脓，严重影响日常生活，对猫咪造成较大困扰。但近几年，严重的猫鼻支已不多见，这主要得益于给猫咪注射疫苗的习惯普及，治疗和用药也越来越及时。不过，由于病毒会变异，即使是注射疫苗，也仍有一部分猫咪会引发疾病。所以，避免让猫咪接触病源才是预防该类疾病的重要手段。

引发传染性鼻气管炎的原因：

该病的病原是I型猫疱疹病毒，是一种急性、接触性上呼吸道传染病。可经过猫咪鼻、眼、咽的分泌物排出，通过飞沫经呼吸道传染。怀孕母猫也可通过胎盘垂直传染给胎儿。仔猫的发病率较高，成年猫虽感染，但一般不发生死亡，其潜伏期为2~6天。

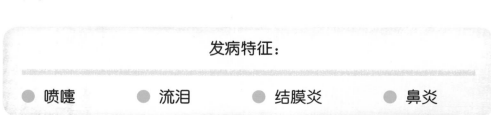

发病特征：

● 喷嚏　　● 流泪　　● 结膜炎　　● 鼻炎

家庭防治措施：

①对传染性鼻气管炎来说，最佳方法是免疫接种，目前常用的疫苗有单项的，也有猫鼻气管炎、猫瘟热、猫传染性鼻结膜炎三联弱毒苗可供使用。但对妊娠母猫要慎用。

②及时对猫咪眼、鼻周围采用局部喷雾或热敷

③鼻炎症状明显时，每天3~4次，对猫咪采用呋麻滴鼻液滴鼻。

④结膜炎、角膜炎症状明显时，应采用生理盐水洗眼，再使用氧氟沙星滴眼液对猫咪进行滴眼治疗。

⑤感染严重时，请及时就医进行注射治疗。对拒绝饮食的猫咪，需要及时静脉补液。

Question 春秋季猫咪常犯鼻炎，该怎么分辨发病原因，又应如何进行治疗呢？

Answer

猫咪鼻炎分原发性以及继发性两种。原发性鼻炎是由鼻黏膜受寒冷、化学、机械因素刺激所致。而继发性鼻炎则是由邻近器官的炎症蔓延而来，某些传染病也会引发鼻炎。

鼻炎的主要症状：

急性鼻炎初期，黏膜充血潮红、肿胀，猫咪频繁打喷嚏，摇头、蹭鼻子。

随着炎症发展，猫咪鼻孔流出浆液性、脓性、黏液性血样鼻液。有的猫咪还会出现下颌淋巴结肿胀以及一些结膜炎、呼吸道炎症的症状。

一般食欲、饮水量和体温不发生明显变化。

慢性鼻炎的猫咪长期出现流黏脓性鼻液的情况，可能还混有血丝和发出臭味，有时可见鼻黏膜糜烂或溃疡。

家庭防治措施：

①做好猫咪生活环境的调控工作，避免猫受寒冷、化学、机械等因素刺激。

②及时根治原发病，让患病的猫咪处于温暖、通风良好的环境中，同时做好猫咪的营养保证工作。

③一般急性轻症鼻炎可不治而自愈。

④当猫咪出现黏稠鼻液时，可用温生理盐水冲洗鼻腔，如有大量稀鼻液时，可用鼻通药膏涂擦。

⑤对特异性因素所致的鼻炎可口服扑尔敏、泼尼松等药物。

⑥慢性鼻炎可口服地塞米松。每千克体重0.125～1毫克，每日1次。

别让猫咪"牙痒痒"

猫咪牙齿的生长是有规律可循的，有经验的主人跟宠物医生可以通过观察猫咪换牙的情况推断出小猫准确的年龄。同样也能通过观察猫咪牙齿磨损情况推断出成年猫咪大致的年龄范围。多数猫咪以肉食为主，淀粉和糖的摄入相对较少，同时，唾液也不呈酸性，所以它们并不太容易长虫牙。但这并不意味着它们没有牙病的困扰。其实猫咪很容易患上牙龈炎。因此，主人也需要对猫咪的牙齿多加呵护，有了一口好牙，猫咪晚年的生活质量可是会大大提高的。

我也希望猫咪能有一口好牙，该怎样才能做到这点呢？

Question
健康猫咪应该有多少颗牙齿，它们什么时候开始换牙，日常应该对猫咪如何护理呢？

Answer
猫咪的牙齿是有其特殊排列与功能的，这既是为了适应捕食行为，也是为了起到防御和保护的功用，猫咪的牙齿分为门齿、犬齿、前臼齿、臼齿几种类型。从出生后2~3周长出第一颗牙起到12~18周开始换牙，直到10岁左右上门牙全部脱落。每一阶段，主人都需要细心照料。

乳齿生长规律

牙齿类型	上颚	下颚	出牙时间	
乳门齿	6颗	6颗	第一乳切齿2~3周长出 第二乳切齿3~4周长出 第三乳切齿3~4周长出	
乳犬齿	2颗	2颗	乳犬齿3~4周长出	第8周 全部乳牙 长出
乳前白齿	6颗	4颗	第一乳前白齿2个月长出 第二乳前白齿4~6个月长出 第三乳前白齿4~6个月长出	

永久齿生长规律

牙齿类型	上颚	下颚	换牙时间	
门齿	6颗	6颗	第一切齿3.5~4个月长出 第二切齿3.5~4个月长出 第三切齿4~4.5个月长出	
犬齿	2颗	2颗	犬齿5个月长出	永久齿比乳 齿多出4颗， 上下颚各多 2颗白齿
前白齿	6颗	4颗	第一前白齿4.5~5个月长出 第二前白齿5~6个月长出 第三前白齿5~6个月长出	
白齿	2颗	2颗	第一白齿4~5个月长出	

年龄	磨损程度	年龄	磨损程度
1岁	下颚第二门齿大尖峰磨损至与小尖峰平齐，此现象称为尖峰磨灭	5.5岁	下颚第三齿尖磨损，犬齿变得钝圆
2岁	下颚第二门齿尖峰磨损	6.5岁	下颚第一门齿磨损至齿根部，磨损面为纵椭圆形
3岁	上颚第一门齿尖峰磨损	7.5岁	下颚第一门齿磨损面向前方倾斜
4岁	上颚第二门齿尖峰磨损	8.5岁	下颚第二及上颚第一门齿磨损面呈纵椭圆形
5岁	下颚第三门齿尖峰稍磨损 下颚第一二门齿磨损面为矩形	9~16岁	齿脱落犬齿不齐

重点提示：

在换牙的过程中，猫咪会出现牙龈发红、食欲不振的情况，主人要注意给猫咪提供松软易嚼的食物。不要因为猫咪在换牙时乱咬东西，或者咬主人的手而责骂它，只要在它喜欢咬的地方擦上一些它不喜欢的味道就好了。最好给猫咪买一些咬胶或者磨牙玩具，以缓解猫咪的焦躁不安。相信这一时期会很快顺利度过的。

换牙期间主人要做好以下工作：

（1）观察乳牙掉落的情况

换牙时最常出现的异常状况是：恒牙已经长出，但乳牙还未掉下来，造成同一位置上有两颗牙齿的情况。这会造成新牙的咬合不正，容易积累食物残渣，给牙齿的健康埋下隐患。这种情况，需要请医生协助把乳牙拔掉。

对有些猫种来说，比如波斯猫，咬合不良或牙齿不对称是很常见的现象。如果不是已经引发了疾病，并不一定需要去矫正它。

（2）养成口腔检查的习惯。

让猫咪从小适应主人对口腔的检查，这对为它刷牙和进行医学治疗都是非常有帮助的。

（3）让猫咪适应刷牙。

养成定期刷牙的习惯对猫咪保持牙齿的完整健康很重要。

如何给猫咪刷牙

养成习惯：

在开始刷牙之前，用棉签或手指轻轻触碰猫咪的牙齿，让它习惯牙齿被碰触的感觉。最初只摩擦外侧的部分，逐步向牙龈的内侧和牙齿尝试。

尝试接触牙膏：开始抹一点牙膏在猫咪的嘴唇上。要使用宠物专用牙膏。目前市面上的宠物牙膏会做成猫咪喜欢的口味，如果它没有抵触的情绪，可以开始使用牙刷。

不要使用盐水给猫咪刷牙，因为在刷牙的过程中猫咪会吞下一些盐水，造成盐分摄入过量。

刷牙工具：

软体的宠物牙刷、纱布、刷牙指套甚至主人的手指，都是可以选择的刷牙工具。

当猫咪习惯手指的摩擦后，主人可以正式开始给猫咪刷牙：

①牙刷跟牙齿保持45°角。

②用划小圈的方式在牙龈和牙齿交会处开始刷牙，一次只处理几颗牙齿。

③牙齿和牙齿间缝隙以垂直方式刷，直到刷干净缝隙里的牙斑。

④重复以上的步骤，直到把牙齿的外侧全部刷净为止。

⑤用同样的方法，继续刷干净口腔内面的牙龈和牙齿。

每星期至少应该刷牙三次以上，才能有效保持猫咪口腔的卫生。

Question
猫咪常见牙病有哪些，该怎么进行预防以及处理呢？

Answer

牙结石、齿龈炎、牙周炎都是猫咪常见的牙齿疾病。这些疾病通常在早期都很难以发现。主人需要对猫咪的牙齿多加观察，并且及时清洁处理。

牙结石

牙结石形成的原因：

猫咪牙齿的毛病通常最先都是从牙菌斑开始，即牙齿表面柔软透明或乳白色的黏附物。

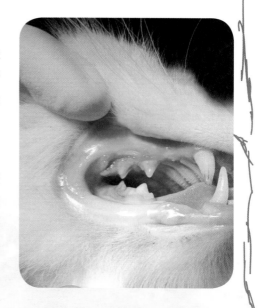

猫咪牙齿清理不及时，细菌就在猫咪牙齿的表面繁殖。逐步侵蚀牙齿表面的釉质，使得釉质表面不再光滑，结石开始在牙齿上面附着。这时候，猫咪并没有什么不适，很容易被猫咪主人忽视。此时，如果细菌及牙石还得不到有效的清理，会有更多牙石积累，猫咪就会出现口臭和牙齿变黄的症状。

大量结石扩散的严重后果：

①牙结石往牙骨质扩散、进一步损伤神经，甚至感染骨髓。

②不断增加的牙结石会在牙龈和牙之间形成间隔，使牙齿得不到牙龈的保护。

③由于受到牙结石的压迫，牙龈会发生萎缩，使牙齿过度暴露、松动、脱落，造成牙周炎。

④牙结石里大量的细菌还会感染牙龈，造成严重的牙龈炎、出血、溃烂甚至化脓。

⑤当牙结石里的细菌顺着被感染的牙齿进入血液和骨骼，会造成血液疾病及其他严重疾病。

牙结石的症状：

①牙齿表面有黄褐色结石，通常伴随牙龈红肿发炎。

②猫咪出现口臭、流涎、食量减少，不喜欢食用过热、过冷以及硬的食物。

牙结石的主要防治方法：

①保持刷牙习惯是预防牙结石最好的方法。

②当牙结石积累到一定阶段，洗牙是最好的处理方式。不过洗牙需要对猫咪进行麻醉，主人在洗牙之前需要与宠物医师沟通细节。

③洗牙之后，主人需要配合对猫咪进行口腔局部消炎和上药。

④如果已经有坏牙、松动的牙，需要将其拔掉。

齿龈炎

齿龈炎产生的原因：

①牙菌斑、牙结石、龋齿、牙齿破裂或者外伤异物等局部刺激都可以引起齿龈炎。

②继发于某些疾病，如B族维生素缺乏、尿毒症、营养不良、重金属中毒、猫瘟热等。

齿龈炎的症状：

· 红肿跟出血是单纯齿龈炎比较典型的症状。

· 病情加剧时，齿龈下会形成溃疡。进而发生齿龈萎缩，露出大半齿根。

· 当发展成牙周炎时，还会破坏颚骨内牙的支持结构。

· 如果并发口炎，猫咪出现明显的疼痛感，采食和咀嚼都发生困难，大量流涎。

齿龈炎的主要防治措施：

①保持猫咪牙齿清洁，常给猫咪漱口，刮除齿垢。

②及时清除牙结石、细菌性牙菌斑，治疗龋齿。

③如果已经出现齿龈炎症状，用生理盐水清洗局部，再涂以复方碘甘油、抗生素或

磺胺类制剂。

④日常生活中多喂牛奶、肉汤等无刺激性的食物，同时补充维生素。

⑤当病情严重时，不光要做局部处理，还应配合全身消炎治疗。

牙周炎 牙周炎又被称为牙周病、牙槽脓溢，一般来说是泛发性的。但也可单独侵害一颗牙齿。其主要症状是大量流涎，齿龈红肿、变软，牙齿松动，呼吸时候排出难闻的气体。挤压齿龈流出脓性分泌物或者血液。同时，猫咪不敢吃硬质的食物。牙周炎可以控制，但很难治愈。

牙周炎产生的原因：

①齿龈炎没有及时治疗。

②牙齿位置不正，导致食物积留和闭合不全引起发病。

③糖尿病、甲状旁腺机能亢进和慢性肾炎等全身性疾病，也可导致牙周炎的发生。

牙周炎的主要防治措施：

①小心彻底剔除齿龈以及牙齿表面的齿垢，避免损伤软组织及牙齿釉层。

②拔出明显松动的牙齿及残留的乳齿。用生理盐水冲洗后涂擦2%碘酊。

③为防食物和残渣沉积，平时应多清洗齿龈边缘，定期刮除齿垢。

④让猫咪经常啃咬骨头或硬的橡皮玩具，可以锻炼齿龈和牙齿。

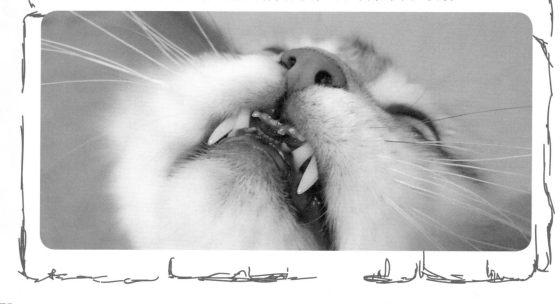

没错，猫咪也会长痤疮

主人经常会在猫咪的下巴上看到很多小黑点。有的长成一颗一颗的，有的长成一片，紧贴着皮肤。帮它们弄掉了之后，还会长出来，常被误认为跳蚤便便，或者是长了猫癣。其实这些是"猫痤疮"，因为真正的跳蚤和猫癣是不会只出现在猫咪下巴上的。

人类要"除痘"，猫咪也要消灭痤疮。该怎么和它一起"战痘"呢？

Question
猫痤疮是不是小问题，可以不管它吗？它是由什么原因造成的？

Answer
引发猫痤疮的原因有两个：吃得过于油腻以及自发性角化病。这可能是暂时的，也可能是长期的，但都要引起主人足够的重视。因为，胡须根部、嘴唇周围、下巴上的黑头粉刺、丘疹或脓疮发展严重后，会转变成化脓性毛囊炎、疖病和蜂窝组织炎。主人一定要及时处理。

家庭防止措施：

①注意猫咪饮食均衡，不要给猫咪提供油腻的猫粮、猫罐头。同时控制提供零食的

次数，一周最好不要超过两次。

②给猫咪提供猫草，能给猫咪补充维生素，使得痤疮的发生率下降。

③可以把猫咪患有痤疮处的被毛剪短，用新沏的茶水温敷或者来回擦拭猫咪的下巴。

Answer
脱毛、皮炎都是猫咪常见的皮肤疾病。诱发它们的原因有很多，并且发病时猫咪很痛苦，只有进行有针对性的治疗，才能让猫咪恢复健康。

皮炎　　　引起皮炎的原因分为非传染性及传染性两大类。

引起非传染性皮炎的因素有以下这些：

- 摩擦
- 刺激性或腐蚀性药物
- 烫伤、冻伤
- 日光、X射线
- 锐性物质的刺伤
- 抓伤或咬伤皮肤
- 长期浸渍尿汁、脓汁或分泌物

引起传染性皮炎的因素有：

- 细菌　　● 病毒　　● 真菌　　● 寄生虫

皮炎的常见症状有：

　　丘疹、水疱、脓疱、结节、鳞屑、痂皮、皲裂、糜烂以及疤痕。同时，也常出现充血、肿胀、增温、发痒和疼痛等临床症状。由于致病原因不同，皮炎发生的部位和程度也有很大的差异。

家庭防治措施：

　　①保持患处清洁，及时除去炎性刺激物。

　　②促进炎症消散，使用双氧水对患处进行消炎。

　　③可使用泼尼松，或地塞米松软膏涂擦进行止痒抗炎。

　　④可用黑墨汁涂抹患部防止日照性皮炎复发。

　　⑤目前还没有特别有效的预防皮炎的方法，重点在于加强饲养管理，提高机体免疫力。

重点提示：

　　激素类的药物要严格控制使用时间以及用量。同时，不能在没有确认病因时盲目用药。

脱毛症　　　皮肤没有特殊病理变化，也没有感染体外寄生虫，却发生了局部或全身被毛脱落，被称为脱毛症。病因比较复杂，常见以下几类：

脱毛症的常见类型：

- 内分泌障碍性脱毛症
- 神经性脱毛症
- 中毒性脱毛症
- 瘢痕性脱毛症
- 先天性脱毛症
- 代谢性脱毛症

不同原因引起的脱毛症，表现也各不相同：

①内分泌性脱毛症常呈左右对称，且没有瘙痒表现。脱毛后的皮肤常有色素沉着，毛囊有角化物质。有的皮肤脱毛后变薄，发皱。肾上腺皮质功能亢进导致的脱毛，还可以看到皮肤斑状出血。

②阴部和胸部周围脱毛多由卵巢功能不全引起，有色素沉着且皮肤增厚形成痂皮。

③还有一部分猫咪患有先天性脱毛，初生时就有部分位置没有被毛，最后只有头、四肢和尾部有被毛覆盖。这类猫咪不能留种。

④另外有一些不明的脱毛呈周期性特征。

家庭防止措施：

①主人注意观察猫咪行为特征，发现脱毛原因及时去除。

②预防措施加强饲养管理，保持环境卫生。

③脱毛症与寄生虫性和真菌病引起的脱毛有非常明显的区别就是没有瘙痒症状，如果猫咪出现瘙痒症状，则需要进行对症治疗。

隐私处的美

可能有主人会问，猫咪肛门好不好看有什么关系，只要健康就行。其实猫咪这个部位好看就是健康。健康的猫咪肛门是有标准的。它应该是肉粉色卵圆形的，稍微向外凸出，呈褶皱状，摸起来干爽、柔软，括约肌有弹性而且有力，肛门反射正常。肛门一旦出现问题会影响猫咪整个消化系统的正常运行。猫咪应该有健康、洁净的肛门。 猫咪也有肛门腺，它担负着猫咪之间身份识别的作用，同时，肛门液还可以起到帮助润肠排便的功能。

针对猫咪的"难言之隐"，如何才能帮它们解决这些问题？

Question
怎么判断猫咪的肛门出现了问题，该怎么处理呢？

Answer
猫咪的肛门如果出现健康隐患，大多数时候主人可以通过肉眼观察到。肛门周围很脏、出现虫子、颜色潮红或发黑、表面湿润、过度外凸、肛门松弛，这些都是异常现象。

①排泄异常，肛门周围沾染了粪便。病毒感染、寄生虫、肠道菌群紊乱可能是引发排泄异常的原因。

②肛门周围沾染液体。可能是肛门腺积液，当然也有可能是母猫的阴道分泌物，应注意区分。

③肛周有寄生虫。翻看猫咪的肛门周围，若肉眼可见米粒状的东西或直接看见虫子，这就说明猫咪肠道感染了寄生虫。

④肛门红肿或异常。肛门囊肿、肿瘤、肛门肉芽都会造成肛门红肿。

⑤严重的腹泻、便秘、异物、发炎还可能造成肛门附近溃烂、穿孔以及直肠脱出等情况。

肛门出现异常如何护理：

①大多数猫咪会自行清洁肛门周围。有些猫咪肛门周围很脏是因为身体过胖，自己舔不到肛门，遇到排泄异常的时候，就在肛门周围留下了脏污。这时就需要主人帮忙擦一下猫咪的屁股了。一定要用干净的纸巾进行擦拭。

②长毛猫的猫咪可以将肛门周围、尾巴根部以及后腿的毛剃短，避免沾染脏污。

③如果在猫咪肛门附近发现寄生虫，在清除的同时，还需要给猫咪内服驱虫药进行驱虫。

④患有肛门囊肿、肿瘤、肛门肉芽等疾病的猫咪，在对其对症治疗的同时，主人可以用生理盐水或者双氧水清洗肛周，再涂以抗生素软膏，缓解猫咪疼痛、瘙痒的症状。

⑤平时加强管理，注意猫窝的卫生。

Question
狗狗需要定时清理肛门腺，猫咪也需要挤肛门腺吗？猫咪肛门腺发炎的时候会有哪些表现呢？

Answer
猫咪比狗狗更容易喷射出肛门腺液，因此较少出现肛门腺堵塞的情况。不过，由于缺乏运动以及喂养方式不当等原因，不少猫咪同样也面临太久没有排放肛门液导致的肛门腺堵塞、发炎的情况。此外，单纯的细菌感染也很常见。细菌会从肛门腺的排放管口，上行感染至肛门腺，从而导致肛门腺发炎。

肛门腺发炎时的症状

①猫咪在地上磨屁股。当肛门腺囤积了过多肛门腺液或肛门腺发炎时，猫咪会用在地上磨屁股的方式缓解因此出现的肛门瘙痒。

②观察猫咪肛门附近会发现有浓稠的液体出现，肛门变得红肿，且比较臭。

③抚摸猫咪的肛门口，出现积液的肛门口会变得鼓鼓的。

正确清洁肛门腺的方法：

肛门腺呈梨形，在肛门两侧4点钟与8点钟的位置，左右各一。

1. 掀起猫咪的尾巴，露出肛门。

2. 隔着一张干净的纸巾，用右手食指和拇指分别捏住猫咪的两侧的肛门腺位置。

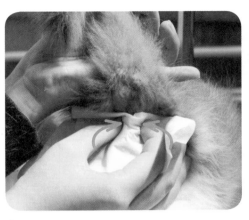 

3. 挤捏的手势为从里到外，向内挤压之后向
外拉出，将肛门腺液排出。

4. 重复几次，直到肛门腺液排空，不再流出
液体就可以了。

重点提示:

　　正常情况下，猫咪的肛门腺是不需要挤压的，过度频繁以及太大力的挤
压动作会导致肛门腺被挤伤而发炎。 另外，每次挤完肛门腺记得给猫咪喂点
吃的，让它对这项活动不要产生抵触。

胖瘦适宜是好猫

许多主人觉得猫咪胖胖的非常可爱，所以家猫通常吃得好、动得少，甚至吃完就来个蒙头大睡。这样养大的猫咪，不胖也难。再加上家养的猫咪一般都会做绝育，就更容易发胖了。肥胖带来的可不仅仅是身材走形，糖尿病、肾病、心脏病、结石等疾病都可能由肥胖引起。如果不及时减肥，猫咪的寿命就会变短。还有一些猫咪，虽然看起来不胖，但体检的时候却被发现血脂超标。对于这样的猫咪，即使不需要采取减肥的手段，也要调整饮食结构，让它变得健康起来。

猫咪也要投入减肥大业，主人得全力支持才行哟！

Question 怎么看猫咪是不是过胖，哪些猫咪需要减肥呢？

Answer 判断猫咪是不是过胖需要从多方面来观察。

首先，从外形上看，不能单纯看猫咪的脸部。因为很多东方体形的猫，以及天生脸小的猫咪，即使肥胖，也不一定马上能看出来。它们大多是梨形身材。如果是长毛猫，可以通过将被毛弄湿贴在身体两侧进行观察。如果猫咪身体呈现椭圆状，甚至是圆形，那么就说明它真的该减肥了。不能单凭体重来判断猫咪的胖瘦哦。很多小型猫，即使体重看上去不大，但对于它的骨架比例来说，也是胖的。

关于猫咪是否需要减肥，存在几种错误的认知

（1）小猫不需要减肥 ×

准确地说，小猫需要提供足够的营养，但不能过量。在幼年时摄入过度营养会导致猫咪体内脂肪细胞数量增长，导致成年后患上肥胖的概率增高。

（2）母猫是不会发胖的 ×

绝育后的公猫虽然更容易发胖，但并不代表母猫不会发胖。不健康的饮食和错误的生活方式对任何性别的猫咪来说，都一样会让它们发胖。

（3）老年猫不能减肥 ×

老年猫如果不是身体太差，节奏缓慢的减肥计划对它们来说是有利的。很多慢性疾病随着体脂的减少，也会好转。

（4）肚子肥肥的说明猫咪胖 ×

猫咪肚子胖有几种可能，一种是本来皮肤就松垮；二是患有腹膜炎、腹腔积水、肿瘤等疾病；三是怀孕；四是生产之后，母猫肚子会松松的；最后，当然也有可能真的是猫咪太胖了。因此，不能单凭猫咪肚子的大小判断猫咪是否需要减肥。

给猫咪减肥的原则主要是：减少脂肪和热量的摄入，消耗体内多余的能量，适当地补充维生素等营养。合理的运动已达到给猫咪减肥的目的，因此，给猫咪减肥首先就要控制猫咪的饮食，然后再加强能量的消耗。

Question
该怎么给猫咪制订减肥计划呢？给猫咪减肥的过程中有哪些需要注意的地方？

Answer

在制订减肥计划之前，需要注意几个小细节。

首先，单纯的节食肯定是不行的。减肥的过程中，猫咪吃得过少、减肥速度过快会引发脂肪肝。其次，不要完全不给猫咪吃肉。猫咪体内缺乏消化大量纤维素和叶绿素的酶，因此，吃多了素食会消化不良。并且，猫咪是肉食动物，它们的身体需要大量的蛋白质、氨基酸以及牛磺酸，这些是素食所不能提供的。如果完全不给猫咪吃肉，它可能会营养不良。

健康的减肥计划应该分几步走：

①带猫咪做一次完整的身体检查，了解猫咪的身体情况。在医生的指导下，制订一个多方面的减肥计划。

②减少罐头、妙鲜包等高热量食物的摄入，增加分餐次数。胖猫咪跟正常的猫咪不同，它们更容易感到饥饿。因此，不要单纯地减少猫咪的食量。尽量使用减肥食品代替原本的饮食，并分6~8次让猫咪食用。

③把猫咪从笼子中解放出来，让它们有更多活动空间。

④采用漏食球游戏供给食物，并且把漏食球设计得更为严格，食物不会轻易漏出来。或者把猫咪的食物分装在不同碗里，放在房间高矮各处，迫使猫咪增加运动量。

⑤主人多陪猫咪玩耍，比如使用逗猫棒。单纯让猫咪进行运动，猫咪会很快就厌烦的。只有主人陪伴着玩耍才是最好的运动。

⑥主人可为猫咪适当做些推拿按摩。比如，从上到下顺时针揉猫咪的肚子，帮助它们的肠胃蠕动。按摩猫咪的足三里，可以帮助它们排出体内多余的水分。

⑦最后要防止反弹。一旦猫咪达到目标体重后，主人还应继续关注它们的体重。不要重蹈覆辙，恢复过量喂养的习惯，而应该根据活动量调整食谱。

重点提示：

注意，在增加猫咪运动量的时候应遵循循序渐进的原则，让它有个逐步适应的过程。

Part3

脆弱的消化系统

救命啊，它吐啦

　　猫咪是一种呕吐机制非常发达的动物。大多数情况下，它们的呕吐是一种正常的生理反应。吃得太多太胀，吃了猫毛，误食了异物等，它们都会呕吐，要将一切令它感觉不舒服的东西统统吐出去，这种呕吐属于生理性呕吐。但还有一些疾病，也会造成猫咪呕吐。但这两者之间的界限非常模糊，主人一定要注意分辨。另外，即便是生理性呕吐，也并不代表猫咪没有身体问题。

呕吐不是小事情，来数一数有哪些注意事项吧！

Question
从养猫开始，就听说猫咪会吐毛球，这是正常的现象吗？发现猫咪吐毛球需要怎么处理？

Answer
猫咪会出现吐毛球的情况，是因为它们有舔舐毛发进行自我清洁的习惯。在舔毛的过程中它们难免会将一部分猫毛吞进肚子里。这部分猫毛累积到一定的量后，猫咪就会通过呕吐排出粗条状毛团。这些毛球看上去有些像猫咪的便便，这是因为它们已经在胃部存在了一段时间，颜色跟没有消化的食物颜色近似，被吐出来时候，被食道挤压成很紧实的梭形。还有些时候，由于猫毛进入猫咪胃部的时间不

太长，来不及结成团就因为刺激被吐出来。所以，主人会在家里发现被猫咪吐出的食物残渣，伴随着沾着黏液的猫毛。

毛球、便便傻傻分不清？

①毛球不会像便便那么有味道。

②毛球是猫毛的组合。

③毛球的周围一般伴随着食物、胃液等。

吐还是不吐，并不能简单地说好还是不好

①有些主人从来没见过猫咪吐毛球，只见过猫咪干呕。这有三种可能性：一种是猫咪呕吐的力量不足，没能将毛球吐出；一种可能是毛球已经阻塞了消化道，导致猫咪根本吐不出毛球；一种是猫咪患有其他疾病。

②有些猫咪会经由肠道排出毛球，主人也认为这样更安心一些。殊不知，经由肠道排出毛球，一旦毛球量过大，而猫咪的肠道蠕动不足，便会出现毛球卡住肠道，导致严重的肠梗阻的出现。

③不能忽视猫咪的每一次呕吐。有时候，激烈的呕吐也会带出猫咪胃里一部分毛球。主人还是需要综合观察猫咪的表现作出判断。

④如果进入猫咪消化道的毛球无法排除，会导致猫咪只要进食就会呕吐。如情况进一步恶化，猫咪会出现精神差、没食欲、毛发粗糙、便秘等现象。当猫咪胃肠道被毛球堵住，猫咪很快会出现脱水及脏器衰竭的情况，此时就需要进行手术治疗了。

对抗毛球的方式有哪些？

 化毛膏　　　　主要包括植物油和矿物油。这些油脂的作用就是润滑消化道，以及帮助软化被毛，防止纠结成团。化毛膏里添加了猫咪所需的多种维生素、牛磺酸等营养，以及肉或奶酪成分，让猫咪主动舔舐甚至喜欢吃化毛膏，能增加消化道蠕动。

 去毛球干粮　　　　去毛球猫粮以及去毛球零食。其作用机理是将超细的纤维粉添加到猫粮中，促进猫咪肠胃蠕动。

去毛球湿粮　　　　添加益生菌和粗纤维的排毛球罐头，起到帮助猫咪消化、排出毛球的作用。

天然猫草　　　　对猫咪无毒，低过敏性可食用的植物。常用的猫草有大麦、小麦、燕麦、裸麦等初生的麦苗猫草，它们既是种高纤维食物，能促进消化帮助分解毛球，又能促进肠胃蠕动，同时叶子上的绒毛可以起到催吐的作用。主人可以自种，也可购买干猫草。不过，相对于新鲜的猫草，干猫草的催吐性要差一些。如果猫咪自己不吃猫草，可以将猫草切碎了拌在猫粮中给猫咪喂食。

梳毛　　　　经常梳理被毛，当然是减少猫咪因舔舐吃进过量猫毛的重要手段之一。

增加运动量　　　　增加猫咪的运动可以促进猫咪胃肠蠕动，增强毛球的排出能力。

重点提示：

很多猫咪会因为换粮以及去毛球成分的刺激，在更换了有去毛球效果的猫粮之后出现经常呕吐或腹泻的情况。这需要主人按照换粮的流程及时正确换粮。同时，在喂食一段时间去毛球猫粮达到预期效果后需要及时换回正常猫粮。去毛球湿粮比去毛球干粮对猫咪的刺激性小。

长毛猫、老年猫以及患有异食癖的猫咪需要主人格外留意。

①长毛猫被毛层次更多，每到换毛的季节，被吞进胃里的毛会比短毛猫多。同时，由于它们被毛的质地更柔软细腻，也就更容易纠结成团，因此，长毛猫患毛球症的可能性要高于短毛猫。

②老年猫咪消化能力没有年轻时好，尽管舔毛的频率要比年轻时低，但它们胃里累积的毛球数量也不会减少，相反，毛球更容易留置在猫咪体内。

③有些患有异食癖的猫咪会吃进大量乱七八糟的东西。它们会与被毛缠绕在一起，形成更难以被消化的毛球。

Question 还有哪些原因会引起猫咪呕吐，该如何预防与治疗？

Answer 猫咪胃肠敏感、有炎症、代谢障碍、寄生虫感染和某些药物的毒性反应，都会造成猫咪呕吐。

①慢性胃炎、慢性胰腺炎、幽门梗阻、肠炎、脂肪肝、腹膜炎、胆管肝炎、肠阻塞、结肠炎、巨结肠症、肿瘤等都会引起呕吐，但也会伴随腹泻、脱水、腹痛、精神萎靡和体温升高的症状。猫咪还会因脱水而口渴，不断喝水，又再次引发呕吐。这些疾病会导致猫咪因疼痛拒绝对腹部的触诊，其呕吐物中还可能带有血丝或者黄绿色液体。

②急性肾炎、尿毒症、肾脏衰竭、白血病、甲状腺功能亢进等代谢性疾病也会让猫咪出现呕吐的症状。呕吐的原因是毒素无法通过肝肾代谢，堆积在身体里，导致猫咪剧烈呕吐。

③当猫咪被寄生虫感染时，也常会呕吐。

④服用阿司匹林、四环素、扑热息痛、阿霉素、保泰松，误服老鼠药以及重金属类砷、汞、铅、酚等，在发生毒性反应的同时会伴随着呕吐。

重点提示：

对于严重的呕吐，禁食24小时后，口服少量的盐水，多次喂服，口服庆大霉素，用量方面可按2000克体重0.1毫升的比例，每天1～2次，坚持连用3天，2个小时后，服用益生菌之类的活菌调理。

不拉便便**好着急**

主人经常会忽略猫咪便秘的情况。一来是因为猫咪便秘是由于粪便通过大肠需要的时间比正常状态下要长，导致粪便硬结，排便次数和量发生减少，而形态并没有太大改变，主人容易忽视这种现象；二来如果不是猫咪完全拉不出便便，主人也很难发现猫咪有什么不对劲。宠物医师会将猫咪的便秘分成三阶段：普通便秘、顽固便秘以及巨结肠。发展到巨结肠阶段会危及猫咪的生命，需要用手术来解决。多猫的家庭更难发现是哪只猫咪身体出现了问题，因此，主人需要多了解一些相关知识。

猫咪便秘的痛苦，主人感同身受，怎么处理才好呢？

Question
猫咪便秘有哪些外在表现可以让主人及时知晓？哪些原因会引起猫咪便秘？

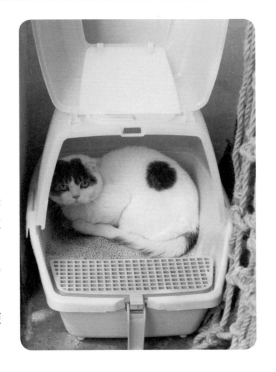

Answer
如果能仔细观察，猫咪便秘所表现的症状其实有很多，包括：长时间蹲坑、腹部紧张、被毛干枯杂乱、呕吐、外形消瘦、腹围增大等。有些猫咪还会在使劲排便后仅排出少许水样的粪便，那是由于肠道内的大便已经干燥和硬化，无法被软化和排出。

猫咪出现便秘时的表现：

①猫咪在便秘时会出现多次往返猫厕所但无所出的情况，此时主人往往会误以为是猫咪泌尿系统出现了问题。要加以区分。

②猫咪长时间在厕所排泄，显得非常费劲，表情痛苦，还会大声嚎叫。

③持续多天便秘之后，猫咪会出现紧张、消瘦、食欲不振，被毛凌乱，甚至会发生呕吐的现象。这种呕吐跟吐毛球的不同点在于，同时伴随着腹部紧张以及弓背的现象。

④当猫咪出现腹围增大，可以在下腹部触摸到明显硬块的时候，说明猫咪的便秘情况已经非常严重了。需要排除怀孕、腹水、腹腔异物或肿瘤等疾病。但无论是哪一种原因，出现了上述情况是一定要就医的。

导致猫咪便秘的原因有很多，大概有以下几种：

①肥胖以及老年猫咪由于肠道蠕动较慢容易便秘。

②饮水量少、低纤维高蛋白的饮食也不利于粪便排出。

③新的环境以及主人长时间不清理猫砂盆，也会让猫咪不愿意上厕所，导致便秘。

④猫咪之间打架可能造成肛门附近受伤，疼痛使得猫咪不愿排便，时间长了也会便秘。

⑤患上肾衰竭、低血钾症或肝功能异常、内分泌紊乱、神经系统异常、感染寄生虫等疾病的猫咪常会发生便秘。

⑥使用某些药物后会使得猫咪消化液减少或消化道平滑肌迟缓从而导致猫咪便秘。

⑦患上某些心理疾病如抑郁症，也会因猫咪精神萎靡、食量减少、活动减少导致便秘。

Question 便秘可以预防吗？该从哪些方面着手呢？

Answer

当然是可以预防的。

而且预防比治疗更重要，猫咪会少受一些苦。同时，发现猫咪患有便秘后，千万不要滥用开塞露。因为开塞露里面的镁离子，可能会使猫咪病情加重甚至死亡。

①在猫咪的饮食中添加更多粗纤维，比如更换处方粮或者提供猫草。也可以饲喂化毛膏。

②增加猫咪的饮水量，让猫咪食用罐头粮食或改喂自制猫粮，如没放调料的清蒸鱼肉。

③增加猫咪的运动量，多陪猫咪玩耍。

④及时将猫砂盆清理干净，并且不随意改变猫砂盆的位置。

⑤多给猫咪梳毛，减少被毛被吞下的概率。

⑥适当给猫咪按摩，可以促进猫咪肠道蠕动，帮助排便。

重点提示：

平时家里备些猫用益生菌，给猫咪调理肠胃，促进肠道蠕动，对便秘或食欲不振，腹泻等都是很有帮助的。

1. 让猫咪仰面躺下。

2. 伸出食指和中指，从胃部以下开始按摩。

3. 采用螺旋向下的手法，按摩至与腹股沟平齐的地方。

腹泻的猫咪这样照顾

很多养猫书籍都会提到有些食物是猫咪不能吃的，比如巧克力、葡萄、洋葱、奶制品。主人平时也很注意饮食，然而家里的猫咪还是偶尔会拉肚子。不排除有些猫咪天生肠胃弱，对于这样的猫咪只能通过长期调整食物以及食用处方粮来解决。甚至有些猫咪吃处方粮也不一定会痊愈，造成猫咪长期腹泻或者软便。这种情况一定要注意饮食，排查过敏食物。在医生的指导下少食多餐，同时额外补充一些营养物质，慢慢改善它的体质。

拉肚子对任何猫咪来说都是一场受罪，一定要慎重对待。

Question
造成猫咪腹泻除了饮食还有哪些原因？应该如何应对？

Answer
相对于便秘来说，主人更容易发现猫咪腹泻。

很多主人看到猫咪腹泻，会感到非常的紧张。很多原因可以造成猫咪出现腹泻，比如寄生虫感染、细菌感染、病毒感染等。严重的腹泻还会危及猫咪生命。对于天生肠胃敏感的猫咪，主人应多注意猫咪肛门周围的情况，注意哪些食物会令猫咪腹泻，及时对猫咪饮食进行相应的调整。

腹泻元凶1：过敏。

（1）意想不到的过敏源

如果主人避开了很多常见的会令猫咪过敏的食物，但自家的猫咪仍在过敏，这就需要带猫咪去医院做一下过敏源筛查。因为个体差异，猫咪的过敏源可能是主人完全没有想到的。

（2）换食引发的过敏

如果刚更换了新的主食就出现了腹泻。主人应该立即换回原来的食物。如果排便恢复正常，即可判断猫咪是对新换的食物过敏。也有一部分猫咪在换回旧食物之后仍然持续腹泻一两天。这是由于猫咪的肠道菌群遭受破坏，需要时间恢复。主人可以给猫咪投喂一些益生菌，以促进恢复。

腹泻元凶2：某些病毒性疾病以及细菌感染。

如果猫咪在腹泻的同时伴随发烧、食欲不振、严重呕吐等其他反应，一般是猫咪被感染了某些病毒性疾病，或者出现细菌感染。此时，主人应尽快将猫咪送医检查。

腹泻元凶3：感染寄生虫。

猫咪感染某些寄生虫疾病，比如球虫，是会出现腹泻的。严重时甚至出现便血的情况。一旦主人发现这种现象，应带猫咪去医院做粪便检查。

腹泻元凶4：严重的肝胆等内脏疾病或猫瘟热。

当猫咪患有这些严重内脏疾病时常会伴随腹泻。注意观察猫咪的表现，当猫咪患有此类疾病时，也同时会伴随其他更严重的身体反应。如果猫咪没有打过猫三联疫苗，感染了猫瘟热，也会出现腹泻。

腹泻元凶5：某些应激反应。

如同人紧张会有一些胃肠道表现，当猫咪遭遇环境改变或感到压力的时候，也会引发腹泻。比如家里来了新的猫咪或是新养了宠物，购买了新家具或是重新装修了房子，有客人在家留宿等都会造成猫咪的应激反应。主人应注意猫咪的心理健康，多关注它的情绪，让它感到愉快与轻松。

腹泻元凶6：中毒。

猫咪有时会误食对它们有毒性的花草，意外舔舐到主人的护肤品或者化妆品，或者不慎舔舐到消毒液等，这些都会让猫咪发生腹泻。

这样照顾肠胃敏感的猫咪：

①尽量给猫咪提供单一的饮食，不要给猫咪的肠胃增加额外的负担。

②控制猫咪的食量，少食多餐。可以额外在早中晚餐之后，增加一顿宵夜。但食物的总量不要过多，因为肠胃敏感的猫咪虽然会出现腹泻，但胃口往往比较好，容易进食过多食物导致无法吸收，从而加重肠胃负担。

③给猫咪提供干净新鲜的白开水，千万不要矫枉过正给猫咪提供矿泉水，这会导致猫咪患上尿路结石。

④腹泻严重时，给猫咪提供乳酶生或健胃消食片等促消化药物，调整猫咪的肠胃以保证猫咪肠胃健康。

重点提示：

不要给猫咪喂食牛奶，尤其是幼猫。多数猫咪都有乳糖不耐症，无法消化牛奶中的乳糖。

Question
腹泻是不是肠胃炎的主要症状？如何照顾患有肠胃炎的猫咪？

Answer
肠胃炎指的是胃黏膜和肠黏膜发炎，分急性肠胃炎和慢性肠胃炎两大类。

天气原因、饲喂不当、突然换粮、着凉受寒、惊吓应激、中毒过敏等多种原因，都有可能引起猫咪的肠胃炎。并且，全年龄段的猫咪都可发生肠胃炎。幼猫患病概率较高。因为幼猫的胃容量较小，对食量的自控力较弱，很容易因为喂食不当造成肠胃炎。

以胃炎为主的肠胃炎，主要表现是呕吐。猫咪体温会轻微上升，精神沉郁，不思饮食。同时出现饮水量增加，但饮水后立刻呕吐的症状。并且猫咪会抵触主人对其腹部的探查。

而以肠炎为主的肠胃炎，腹泻才是其主要症状。猫咪往往会排泄出带有腥臭味道的水样便。当肠黏膜出血时，还会出现黑色或墨绿色的混有血丝或血块的粪便。猫咪很容易出现脱水以及酸中毒等症状。

肠胃炎的主要防治措施

①本病的防治原则是除因、消炎、止泻、补液。不要轻易使用人用的消炎药给猫咪进行消炎处理。一定要咨询医生，哪些是可以应急使用的，剂量是多少。

②由于过食引起的胃肠炎，需要先禁食24小时，保证充足的饮水即可。这样可以让猫咪脆弱的胃肠道黏膜慢慢修复。同时避免在猫咪胃肠道功能紊乱时，食物不正常消化，加重消化道损伤，继而导致严重的胃肠道疾病，甚至引发胰腺问题。

③治疗期间应配合良好的护理工作，给猫咪更换处方粮，这样可保证猫咪消化的安全性以及恢复肠道菌群平衡。

④如果猫咪出现软便现象，可在猫咪食物中添加妈咪爱、乳酶生等调节肠胃有益菌群的药品。

重点提示：

如果猫咪拉肚子恰逢寒冷的冬季，要记得做好猫咪的保暖工作，最好在猫窝里备上毯子，起到保温作用，这也能让猫咪舒适一些。

难以言说的泌尿道之痛

　　猫咪的泌尿系统特别容易出现问题，比如尿道炎。老年的公猫由于身体抵抗力下降且尿路狭窄，尤其容易出现这种疾病。引起猫咪尿道炎的原因有很多种。细菌或交配时感染，以及其他疾病，如膀胱炎、泌尿症候群、尿结石都会引发泌尿道感染。甚至猫咪患牙龈炎等口腔感染时，因常用舌头舔外阴部都会引发猫咪的尿路感染。更有些猫咪会因为抑郁、受惊吓时内分泌失调，导致膀胱内膜发炎，影响正常排尿，增高细菌感染机会，也会造成更严重的泌尿道炎症。

尿道炎很难进行预防。但主人可以在日常生活中注意一些细节，减少猫咪发生泌尿道炎症的概率。

Question 尿道炎的常见症状有哪些，该如何进行治疗？主人又该采取哪些措施避免疾病的发生？

Answer 尿道炎的主要表现是排尿困难甚至无尿、血尿。

　　主人会发现猫咪频繁去厕所，但每次排尿非常很少。因为疼痛，猫咪还会频繁舔舐尿道口。排尿有痛感的时候，猫咪还会嚎叫，甚至跳起来。本来卫生习惯很好的猫咪，突然出现在砂盆以外的地方不规律排尿的情况。当病情严重，发展到尿中毒后，还会出现呕吐，呕吐物为黄色。反复发作的时候就会尿血，尿液中有血丝。

尿道炎的主要防治措施：

①增加猫咪饮水量。主人可以在家里多放些水盆，注意饮用水的清洁。猫咪饮水量的增加可以促进猫咪尿液生成。迅速将矿物质排出体外，冲刷尿路，增进尿道上皮自保护的能力。

②常清理猫砂盆，确保猫咪不会因为砂盆不干净而憋尿。定期对猫砂盆消毒，更换新的猫砂。多猫家庭一定要准备多个猫砂盆。

③不要给猫咪过度提供高动物蛋白饮食，这会引起尿pH升高。

④不要让猫咪过于肥胖。多陪它进行运动，因为某些因肥胖引起的疾病，例如糖尿病很容易诱发尿道炎。

⑤平时多注意观察猫咪，及时发现异常。注意猫咪尿尿的姿势以及观察猫咪每日的尿量，发现异常后，及时将猫咪送医就诊。

⑥如果猫咪因为排尿困难拒绝喝水，可以采取喂一些罐头来补充水分。也可以给猫咪喂些泡了水的干粮。对于拒绝进食的猫咪，就要采取输液措施了。

Question
猫尿路结石作为猫咪常见的尿路疾病之一，主人可以为它们做些什么减轻痛苦？

Answer
猫尿结石又名猫泌尿系统综合症，总的来说是由尿中的无机盐类析出形成结石，引起尿路黏膜发炎、出血和排尿障碍的疾病。根据发生部位分为肾结石、输尿管结石、膀胱结石、尿道结石。轻微的结石通常没有症状。结石较大时，不同部位的结石会表现出不同症状。

通常医师会对猫咪进行导尿、补液、消炎、打止血针以及尿道改造等治疗手法，但这些手法对猫咪来说都很痛苦。

①导尿一般在猫咪情况非常紧急的时候采用。结石会堵塞猫的尿道，导致猫闭尿，如果不及时排出尿液，很有可能将膀胱憋爆，导致猫咪大出血死亡。但导尿会刺激尿道发炎，使病情加剧。另外，还有一种方式是体外抽尿。在猫咪无法导入尿管时的使用。这种方式不可经常采用，否则尿液会漏进腹腔引起发炎。

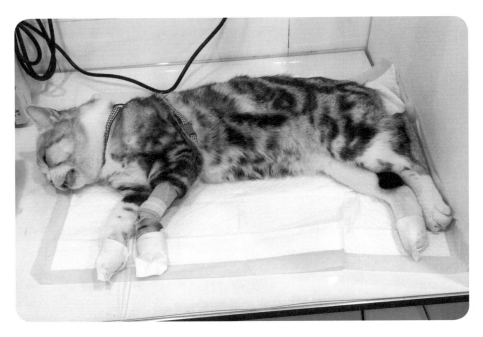

②紧急情况下医生还会为猫咪打消炎针，对它进行消炎和稀释尿毒。这种方法对猫造成的损伤较大。

③对于导尿不能治愈阻塞以及尿道阻塞反复的猫咪，应采取尿道改造手术。但由于猫的尿道口位置及尿路都发生改变，手术本身也会降低身体的防御机制，术后猫咪发生尿道感染的概率比较高，主人需要在护理上格外留心。

尿道改造后的猫咪护理：

①让猫咪改食用预防泌尿系统疾病的处方粮及处方罐头，同时增加每天的饮水量。

②单独隔离尿道改造手术后的公猫，改用软纸或尿垫让猫咪进行排泄。

③有些公猫会对尿道改造感到自卑，主人要在情感上给予其更多的照

顾。如果是多猫家庭，要防止猫咪产生心理疾病，避免其他猫咪欺负它。

④给手术后母猫戴上伊丽莎白圈，因为它们身上会带有临时性的尿管和尿袋，此举是为了防止它们胡乱啃咬。

重点提示：

注意：术后8小时能够恢复吃喝，可以为猫咪的康复提供能量，同时加快其体内新陈代谢的速度，加快康复进程。

饿出来的**脂肪肝**

脂肪肝是猫最常见的肝脏疾病之一，可发生于各年龄的猫。最常见的是由于猫咪长时间不进食，肝脏开始代谢体内脂肪转化为可用能量物质以维持生命。但脂肪堆积于肝细胞的速度超过了代谢转化速度，造成脂肪在肝细胞内的大量沉积，从而引起脂肪肝，损伤肝脏。肥胖、腹围较大的猫咪较容易罹患此病，因为越是肥胖的猫咪越容易因为换粮、环境改变、应激而出现厌食和绝食的现象，也因此发生脂肪肝的可能性越高、越严重。脂肪肝常伴发胆管炎、糖尿病、甲状腺机能亢进、心脏疾病、慢性肾脏疾病和下泌尿道疾病、癌症以及胰腺炎等多发疾病。脂肪肝治疗不及时或不予治疗，死亡率可高达90％。

肝脏是猫咪身体最重要的器官之一，该如何保护它呢？

Question
猫咪患有脂肪肝的症状有哪些？怎么才能让猫咪恢复饮食？

Answer
在猫咪患病初期，会出现精神不佳、嗜睡不醒，食欲不振或绝食的现象。随着时间延长，猫咪会全身无力，行动迟缓。

此时，主人发现猫咪体重会快速下降。随着病情的发展，猫咪还会出现呕吐、脱水、发烧、呼吸急促等现象。当能观察到猫咪内耳皮肤、口腔牙龈、尿色变黄等情况时，说明猫咪肝脏已经受到损害而发生黄疸。随着肝损伤的进一步加重，猫咪会出现中枢神经系统受损，发生肝性脑病。具体表现为抽搐、流口水、昏迷，直至死亡。因此，发现猫咪出现早期症状时，主人就应该就医进行早期干预，不可轻视。

让猫咪恢复饮食的重要手段是灌食：

规律灌食可以让猫咪的机体吸收能量而不再转化自身脂肪，来防止脂肪在肝脏的进一步沉积。

①首先要检查猫咪是否存在传染病、肾衰、肿瘤等引起停食的原发病。

②每天耐心轻柔、少量多次地对猫咪灌以半流质食物，尤其是多天不进食的猫咪，一定要强制进行规律灌食。

③规律灌食需持续到猫恢复食欲可以自行进食为止。

④对于已经出现肝性脑病症状的猫咪，要配合医生的治疗，喂以低蛋白的食物，直到输液等治疗消除肝性脑病症状以及原发病。输液治疗不能取代强制灌食。

强制灌食的方法

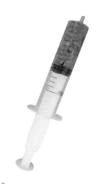

1. 将磨碎泡软的猫粮或者碾碎的猫罐头等半流质食物，填入拔掉针头的注射器。

2. 将注射器经猫的嘴边，尽量靠近舌根，灌在舌头上，动作要缓慢，轻柔，注意不要让猫呛到。

3. 灌食量要充足，按照猫咪平时正常食量，需要每日多次灌食。

重点提示：

灌食时，要要特别注意食物黏稠的程度。不能太稀，也不能太干。如果太稀，很容易流得到处都是，而太干则可能不利于猫咪的消化。

Question 如何预防猫咪患上脂肪肝？

Answer

前面已经提到过，肥胖的猫咪更容易罹患此病。

因为肥胖，它们身体内有更多可以堆积在肝脏的脂肪，所以最关键的是避免猫咪过度肥胖，不光可以避免患上脂肪肝，也减小发生其他疾病的可能。

①避免经常给猫饲喂高脂肪和高能量的猫粮，尤其是肥胖的猫咪。

②尽量将猫咪体重控制在合理范围，陪猫咪玩耍，增加其运动量。

③给它一个平稳、安定的生活环境，防止猫处于应激状态。理解安抚猫咪的情绪波动，多一些陪伴。

④留意猫咪身体状况，发现它们1~2天没有食欲、不进食、精神低迷，就应该及时就医。

Part 4

谈之色变的猫咪传染病

猫猫相传的**可怕猫瘟**

猫瘟也被称为猫传染性肠炎，是由猫泛白细胞减少症病毒引起的传染病。发病急，是一种猫咪相传的高发接触性传染病，也可由吸血类寄生虫进行传播。3~5月龄疫苗接种不全或未接种的幼猫更易得此病，死亡率极高。母猫如果在怀孕期感染，会造成死胎、流产，初生小猫也会出现神经症状。患病初期不易察觉，主人应该仔细观察猫咪的状况，发现异常尽快为其测量体温，及早发现更有助于治疗和恢复。

也别"谈瘟色变"，最重要的是了解和预防这位健康的敌人。

Question
猫咪是如何被传染猫瘟病毒的？从来不出门的猫咪也会被传染吗？罹患猫瘟的猫咪会有哪些表现？

Answer
没有接种过疫苗的猫咪，即使足不出户，也会被主人衣服、鞋子上携带的病菌传染。

因为猫瘟病毒极其顽强，低温状态下都可以长期存活。即使是康复1年以上的猫咪排泄物中，依然可以被检出猫瘟病毒。同时，病猫的呕吐物、排泄物、分泌物以及体液中也会含有大量猫瘟病毒。健康的猫咪如果没有经过接种，一旦接触到被病毒污染的食物、水、器具等即可染上此病。虱子、跳蚤等吸血昆虫也可以帮助传播本病。怀孕母猫可将本病传给胎儿。抵抗力较差、1岁以下的幼猫以及从未免疫过的猫咪是易感群体。

感染猫瘟的猫咪会出现以下症状：

①由于猫咪忍耐力很强，患病初期主要的表现为精神不好、睡眠时间过长、食欲下降等，主人可能由于工作繁忙，或对猫咪了解不足，忽视这些表现。

②患病中期的猫咪除了初期的症状加重之外，还会出现拒食的现象，对主人呼唤没有反应，体重迅速下降。

③感染的中后期，猫咪会出现双相热，突然高烧40℃，1~2天后体温下降至常温，3~4天后体温再度升至40℃以上。

④频繁呕吐也是猫瘟最主要的症状。初期为食物，后来呕吐物是呈现黄绿色的

胃液。猫瘟的后期，猫咪还会出现腹泻，排泄物呈咖啡色，进而严重脱水继发细菌感染，导致猝死。

⑤幼猫多呈急性发病，发病24小时之内便会因迅速脱水和继发性细菌感染造成猝死。

患病的猫咪需要如何进行治疗？

极少数抵抗力非常好的猫咪可不经过治疗痊愈，之后终生免疫。但大多数猫咪还是需要早发现、早确诊、早治疗，为猫咪争取存活希望。病程超过5~7天且无致命性并发症发生，往往能复原。

①平日多关注猫咪，若主人发现猫咪出现疑似病情，可购买猫瘟快速检测试剂盒进行家庭检测。尽管不是百分之百准确，但有助于确诊。同时，主人还应注意对发病的猫咪采取保暖措施。

②当猫咪出现呕吐、发烧、腹泻等症状时，需要禁水禁食，及时就医，以免耽误病情。

③猫瘟发作后越早注射血清治疗，效果越好。按照规定连续注射2~3次皮下注射治疗，治愈率还是较高的。

④配合使用止吐药、抗生素以及静脉补液等有效手段可以防止继发感染出现并发症。如果没法给猫咪输液，可以每隔一段时间喂10%葡萄糖注射液和生理盐水的混合液，帮助它补充能量和水分。

⑤如果猫咪同时被肠道寄生虫感染，要采取对应治疗措施。

⑥怀孕期间感染猫瘟的母猫需要进行引产。

⑦病猫必须隔离，用84消毒液对环境进行消毒。

⑧猫咪应在注射血清之日算起，20天后再次接种猫瘟单苗或猫联疫苗。

Question
配合医生治疗的同时，主人可以做些什么？如何预防猫瘟的发生呢？

Answer
当猫咪停止呕吐时尝试灌食，调节猫咪消化功能，对于恢复期的猫咪给予容易消化的半流质食物，同时隔离病猫并且做好消毒措施。预防猫瘟最重要的手段是定时免疫，以及不放养猫咪。新猫进家先隔离，同时主人回家要洗干净双手再接触猫咪。做好环境卫生消毒工作。避免小空间饲养过多猫咪。如果发现群养猫咪中有病猫，除隔离病猫之外，还要及时给其他猫咪注射疫苗。疑似患病的猫咪需要与确诊病猫单独隔离，以免被误传。接触病猫之后，主人需要将衣物单独存放，及时消毒洗手，以免感染健康猫咪。

①当病情趋向缓解时，只要猫咪不再呕吐，主人就可以尝试灌食。以避免长期不进食对猫咪消化系统尤其是肝脏功能造成损伤。由少至多，逐渐增量。但灌食时应注意动作不要过于粗暴，不急于求成。因为猫咪此时身体还很虚弱，不能让猫咪因过度挣扎而虚脱。

②因为在猫咪的治疗期间会使用大量抗生素，致使猫咪肠道菌群紊乱。因此主人需要及时给猫咪提供有益肠道健康的药品或保健品。注意，这类药品需要与抗生素间隔半小时以上服用。

③恢复期不要喂高蛋白的食物，尤其牛奶、鸡蛋、鸡肝等不要投喂。可以给猫咪喂食营养膏，或者处方粮。不能主动进食的猫咪仍需要采取人工灌食。

猫瘟死亡率高，并且在治疗过程中，猫咪有1~2周时间看起来都极其虚弱。主人除了做好救不活猫咪的心理准备，也要树立坚持治疗的信心。如果放弃治疗，猫咪就连一丝希望都没有了。

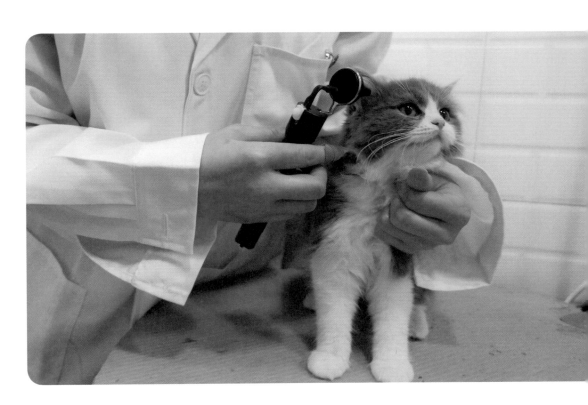

按时免疫保证猫咪健康:

通常猫咪出生8周以后就能开始注射猫瘟疫苗了。一般需要进行2～3次注射，每次注射间隔为2~3周。此后，每年给猫咪注射一次，以加强免疫的效果。

重点提示:

弱毒疫苗因注射后反应较强烈，一般不宜给妊娠母猫注射，尤其是妊娠母猫不能注射猫泛白细胞减少症(猫瘟)疫苗，此疫苗可能会通过胎盘屏障感染胎儿，导致死胎、流产。

可感染所有猫科动物的
杯状病毒

从1957年至今，全世界许多国家和地区都从家猫和猎豹中分离出了猫杯状病毒。该病呈世界性分布，可以感染所有的猫科动物。猫杯状病毒感染又称为猫传染性鼻结膜炎，是猫的一种多发性口腔和呼吸道传染病。发病率较高，死亡率较低，但幼猫容易因此病夭折。同时，该病毒的变异性非常强，所以疫苗的预防效果并不好。

与病毒做斗争要做到知己知彼，来了解一下杯状病毒感染的特征吧！

Question 被感染的猫咪主要症状是什么？治好了还会反复发作吗？

Answer 该病主要发生于8~12周龄的幼猫身上。因为病毒的毒株和猫咪自身抵抗力的不同，每只患病的猫咪症状差别很大。某些猫咪的主要症状先是口腔或和上呼吸道感染，而另外一些猫咪则会出现肺炎的症状并且呼吸困难。口腔出现溃疡，是最显著的特征。病愈后的猫咪是最危险的传染源，它们会长期带毒。

**杯状病毒感染有2~3天的潜伏期，
一般染病猫咪的病程发展如下：**

①患病初期猫咪精神不振、打喷嚏、口腔及鼻腔分泌物增多，流涎。同时出现发热情况。体温会升至39.5~40.5℃。

②4~5天后，猫咪眼鼻分泌物由浆液性转为脓性，并且有可能出现角膜发炎、羞明等症状。

③染病的猫咪会出现口腔溃疡，溃疡面分布于舌和硬腭部，可单发。猫咪会因为口腔溃疡出现吞咽困难的情况，主人可观察到猫咪伸着脖子很艰难地吞咽东西。

④鼻腔黏膜也可能出现大小不等的溃疡面，偶有猫咪出现皮肤溃疡。

⑤病情严重时，猫咪出现支气管炎甚至肺炎，并可因肺炎致死。

⑥因免疫功能高低的差异，少数猫咪仅出现肌肉疼痛和角膜炎，而另一些猫则可发生免疫介导性的多发性关节炎或者肾炎。

　　杯状病毒和鼻支很多症状类似需要仔细区分，口腔溃疡是区分的重点特征。如不继发传染性鼻气管炎病毒、细菌性感染，大多数猫咪7～10天后即可康复，但往往成为带毒者。

Question
猫咪感染杯状病毒该如何预防与治疗？

Answer
　　本病没有特异性的治疗方法。猫干扰素可以帮助猫咪对抗病毒，广谱抗生素能够预防和治疗继发的细菌感染。配合雾化治疗，使药物直接作用于呼吸系统。此外还应帮助食欲不振的猫咪进食，或者通过输液补充水分和能量。

　　本病的预防效果不佳，重点是与病猫隔离，不接触带毒猫。康复猫带毒可达一个多月之久，故康复后需继续隔离。

猫传染性腹膜炎致死率较高

猫传染性腹膜炎又称猫冠状病毒病，主要特征为腹膜炎、大量腹水聚积，腹膜膨胀。它是由猫传染性腹膜炎病毒引起的猫及猫科动物的一种慢性病毒性传染病，致死率较高。病猫和带毒猫是本病的主要传染来源。大于11岁，体质较弱的老猫以及3岁以下的猫咪易感染此病。某些有先天性缺陷纯种猫的发病概率高于一般家猫。本病以消化道感染为主，健康猫与病猫接触后，迅速发病。昆虫是主要的传播媒介，也可经媒介传播和胎盘垂直传播。不过，该病毒在猫咪体外存活时间非常短暂，普通消毒液即可轻松将其杀死，定期做好环境消毒可预防此病。

要怎么才能与可怕的传染性腹膜炎说再见呢？

Question
猫传染性腹膜炎的发病率高吗？被感染的猫咪主要症状是什么？

Answer
从整体看，本病的发病率较低。但潜伏期比较长，多数为隐形感染，可潜伏4个月或更长时间。被感染的猫咪共同症状为少食或拒食，精神沉郁，体重下降，体温升高达39℃以上。发病初期症状不明显，随后体温升高至39.7~41.1℃，某些猫咪会出现温和的上呼吸道症状。因此，较容易被忽略。

临床上，猫传染性腹膜炎常分为渗出性以及非渗出型。

渗出型

渗出型在持续1～6周少食，体温升高，出现上呼吸道症状以后，75%的病例会出现腹水积聚，腹部膨胀。这也是有些母猫发病时被误认为妊娠的原因。病程会持续2周到2个月。有些病猫则很快死亡。另外有约20%的病猫出现胸水及心包液增多的情况，因此主人会发现有部分病猫出现呼吸困难症状，疾病晚期还可发生黄疸。

非渗出型

非渗出型的猫咪几乎不出现腹水症状。主要侵害眼、中枢神经、肾和肝等组织器官。并在各种器官出现肉芽肿。中枢神经受损时表现为后躯运动障碍，共济失调，痉挛。感觉过度敏感。腹腔器官如肝脏、肠系膜淋巴结等受影响最严重。肝脏受侵害可能发生黄疸；肾脏受侵害时，猫咪常出现进行性肾功能衰竭等症状。有时还伴有脑水肿症状。这种类型的猫咪病程在1~8周左右，多数会死亡。

实际上某些病例无法严格区分这两种类型，有时兼而有之。但以渗出型较多见，常为非渗出型的2~3倍。

Question
如何对本病进行预防与治疗，治愈率如何？

Answer

目前，国外已有疫苗作为免疫接种，但国内并没有有效预防本病的疫苗，使用常规疫苗和重组疫苗效果不好。主要的预防手段是注意猫舍卫生，消灭致病菌以及猫舍里的吸血昆虫及啮齿类动物。发现猫咪生病后隔离。

同时，由于尚无有效的特异性治疗药物，一般抗生素无效。出现临床症状后的预后不良。一旦出现临床症状的猫多数是死亡。只能采用支持疗法延长猫咪生命。比如联合应用猫干扰素和糖皮质激素，并给予补充性的输液以纠正脱水。另外可以使用抗生素防止继发感染，同时使用抗病毒药物。呼吸道症状严重时候，采用胸腔穿刺缓解。一些猫在坚持治疗下能存活数月至数年。

会传染人的猫癣

　　猫癣是除了弓形虫病外，排名第二位的猫咪易感染疾病。它顽固、治疗周期长、难以治愈、易传染、易反复发作，并且容易传染人，是一种猫咪常见的真菌性皮肤病。但只要猫咪皮肤健康，状态良好，是不会被环境里的真菌轻易感染的。只有当猫咪皮肤抵抗力下降时，才会给这些真菌可趁之机。该病主要通过直接接触传染，主人抚摸过患病的猫咪，再摸健康猫时，便可传染给它。其他如混用梳毛工具，或者交配、打闹，都是猫癣的传染方式。

猫癣不是大病，严重了还真要命。该拿它怎么办呢？

Question
猫癣的症状有哪些，该如何治疗？

Answer
猫的皮肤真菌病有98%都是猫小孢子菌引起的。

　　发病时，猫咪皮肤出现环形的鳞屑斑，多发于猫咪的脸部躯干四肢和尾部。猫的个体差异很大，轻的被毛会变得粗糙，患病处的被毛一撮一撮折断或者脱落。较重的出现鳞屑和痂皮，甚至出现脱毛或脓癣。被传染的猫咪会感到奇痒无比而去反复抓挠，因此患病部位常会形成斑秃。猫癣传染给人类后，造成人皮肤瘙痒脱皮，患处呈环状红疹且瘙痒，或引起人的黄癣和白癣，主人需要多加防范。被感染后，主人需要用治疗皮肤真菌感染的药膏治疗。

猫癣的家庭治疗措施：

①治疗前需要将患处以及周围的被毛剪掉，剪下的被毛需要放在碘酊溶液中，以防病原菌污染环境。

②外部使用复方水杨酸软膏或复方十一烯酸软膏涂擦。需要给猫咪戴上伊丽莎白圈以防猫咪舔舐患处，导致误食外用药。

③如果全身多处或者大面积感染，出现脱毛现象，还需要口服灰黄霉素，按照10~20毫克/千克体重，每天1次口服，连续服用1个月。主人要注意药物对猫咪肠道的刺激，细心护理。

④如果猫咪身上同时有跳蚤，可用中药百部煮开，或用热水泡几片百部兑水给猫咪洗澡。如果患处面积不大，用百部煎水涂擦即可。

Question
平时如何护理患有猫癣的猫咪，有哪些需要注意的事项？

Answer
增强营养，提高猫咪自身免疫力，以及避免接触病猫是护理的几个原则。

①增加B族维生素的摄入，有利于提高猫咪抵抗力，从而加快猫癣治疗速度。

②接触过病猫，主人一定要洗手之后再接触健康的猫咪。同时，应及时将病猫接触过的器具用消毒水进行消毒。

③由于猫癣会传染主人，所以平时主人也可以吃一些维生素片。另外应勤换床单、枕套、被罩。天气晴好的时候，将寝具放在阳光下暴晒，用紫外线杀菌。猫咪及猫窝也要多晒太阳。

④不要频繁给猫咪洗澡，这样会降低猫咪皮肤的抵抗力。

⑤多晒太阳治愈快。多晒太阳可以消毒，增强猫咪皮肤的抵抗力，能让猫癣治疗更快速。另外，轻微的猫癣通过补充营养和多晒太阳就可以不用吃药而自愈。

重点提示：

不要使用达克宁霜给猫咪使治疗猫癣，效果很不好，而且容易扩散。另外，对于顽固猫癣，一定要做好打持久战的准备。

Part 5

每对母子都是生死之交

这样照顾怀孕的"准猫妈"

从交配成功的那一天开始计算，到猫宝宝出生，大约要经历65天。"准猫妈"的妊娠过程和人类的妈妈们一样辛苦。这期间，主人要给它无微不至的照顾，充足的猫粮和清水是好主人最必须给猫咪准备好的。另外还可以加喂一些营养膏、牛磺酸、叶酸，一个星期给猫咪吃2次猫罐头等。但也要注意，别让胃口大开的"准猫妈"吃得过多导致肥胖，以免小猫仔过大，造成生产困难。

怀孕不管对于人类还是猫咪来说都是一件又喜又忧的事，主人们此时一定要打起十二分的精神！

Question
猫咪怀孕期间有哪些注意事项，生产前主人需要做哪些准备？

Answer

为了保证猫妈妈以及猫宝宝的健康，主人首先要做到的是科学繁育。一年最多怀孕2次。最好的繁殖季节是春秋两季，避免近亲交配。选择身体健康的公猫做猫爸爸。同时，一定要在确认好猫宝宝会有合适的新主人之后，再进行繁殖。

主人需要给猫咪准备一个安静、安全、干净、舒适的"产房"。一只足够大的、干净、没有异味的纸箱子即可。

①安静：将"产房"放在家中远离客厅、阳台等僻静处；

②安全：猫妈妈愿意进去待着是安全的标准。如果它觉得不安全，只会在"产房"跟前转几圈，然后离开。

③干净、舒适：主人不要用带有浓烈香味的衣物垫在箱子里。猫妈妈不喜欢有"异味"的东西。洗干净的旧衣服就好。

④闭门谢客：生产的前几天，主人要谢绝其他客人参观猫咪，让它安静地等待自己宝宝的降临。

Question
猫咪怀孕期间，主人有哪些要注意的？

Answer
怀孕期间对"准猫妈"保持足够的耐心，不要随意打扰它。应尽可能让它感觉舒适，防止猫咪发生流产。

①主人要体谅"准猫妈"的情绪波动。不要勉强抱它，也别触摸它肚子里的猫宝宝。怀孕期间的"准猫妈"如果犯了错，不要打骂，稍不注意它们就会可能因为惊吓而流产。主人可以采取轻轻抚摸、拍拍脑袋、轻梳被毛等安全的方式跟"准猫妈"亲热。

②不要轻易打扰"准猫妈"休息。怀孕期间，它们很容易疲惫，总是想睡觉。主人要做的是尽可能让它们睡得更舒服。

③猫咪有可能因为受到细菌、病毒、原虫等感染发生流产。体内激素平衡失调、慢性子宫内膜炎、近期繁殖、胎儿早起死亡、胎膜以及胎盘发生病变、母猫其

他系统的重大疾病、饲养不当、机械性损伤等都有可能造成猫咪流产。一旦发生流产，往往无法阻止。主人要做的是，防止猫咪发生感染。重要的是做好预防工作，避免猫咪受到外力打击，发生其他疾病及时治疗。

生儿育女关关过

猫妈妈们一般情况下会凭着本能处理好生产中的一切。它们会撕破猫仔的胞衣、咬断脐带，并且吃掉胎盘以及舔干净猫仔的血迹。一般来说，从第一只猫宝宝出生后2个小时，猫妈妈便会结束产程，躺下来给猫仔喂奶。如果此时，猫妈妈仍旧不肯给猫仔喂奶，说明它已经没有力气再生下剩下的猫仔。此时，主人需要立刻送猫妈妈去医院。同时，如果最后一只小猫出生后5分钟后，没有将胎盘娩出，也需要立刻就诊，因为胎盘滞留在猫妈妈体内，会要了它的命！

猫咪宝宝就要降生了，主人该怎么协助猫妈度过这一难关？

Question
生产当天主人需要做什么，发生难产时主人怎样帮助猫咪顺利生产？

Answer
生产当天，主人应给"准猫妈"准备好一碗干净的清水以及猫罐头。在生产间隙可以补充体力。当然，也许它们什么都不会吃，但是清水是必须的。造成猫咪难产的原因有很多，发生难产最安全的办法是交给医生处理。如果出现以下情况，主人可以帮帮"准猫妈"的忙。

猫妈妈不会处理猫仔。

①如果猫妈妈没有自行撕开胞衣、咬断脐带，主人应该马上撕开猫仔的胞衣，并且迅速擦干净猫仔口鼻处黏液。直到猫仔发出"吱吱"的叫声，才表示一切安好。

②准备消毒棉线、剪刀以及酒精。用酒精消毒剪刀以及双手，将棉线在猫仔脐带距离肚子2厘米处打个死结，并剪掉多余的脐带。将猫仔擦干净后，主人重新消毒双手，抹一些猫妈妈的分泌物在手上，再将猫仔放在猫妈妈身边，让它尽早吃到母乳，也避免猫妈妈认不出自己的宝宝。

生产过程中猫咪无力。

主人已经看见一部分猫仔的身体，但"准猫妈"却无力再将猫仔娩出。这时主人可以消毒双手后，在猫咪产道附近抹些医用凡士林润滑剂。然后扶住猫仔轻缓地向产道外拖动，此时"准猫妈"是会重新配合主人用力的。主人只需跟它配合，切勿用蛮力拖拉。

Question 产后猫咪主人还需要做些什么工作，有哪些注意要点？

Answer

首先，依然是要给猫妈妈提供足量的饮用水，因为哺乳的猫妈妈很容易口渴。其次，要将猫窝放在安静、清洁的地方。并准备多套窝垫轮换使用。定期打扫猫窝并勤加消毒、晾晒，保持干燥。一般不用另加暖源。

加强营养。

主人要在产后给猫妈妈增加喂食次数，多提供含高蛋白质、脂肪、卵磷脂、钙质的食物。同时，这些食物要容易消化，使猫妈能够轻松排泄。水煮鱼是很合适的食物，既可以调剂口味，又可以促进猫妈妈乳汁分泌。

补充微量元素。

给猫妈的饮食中添加少量婴儿米粉或者加3滴液体儿童维生素，可以补充微量元素的摄取。

产后异常情况的处理：

①如果猫妈妈产后3天内，出现吃掉猫仔排泄物后呕吐、不进食的症状，可在饮食中拌入乳酶生。每日2次，每次3片。

②及时发现被猫妈妈"弃养"或者体弱的猫仔，让它们能吃到母乳，得到细心的照料。

③猫妈妈可以独立将孩子照顾好，没有特殊情况，主人不要频繁接触猫宝宝，更不要将未满月的猫仔展示给亲朋好友们看，这会造成猫仔被弃养。

猫妈妈产后要当心

　　大部分的猫咪生产后很快就会恢复健康，但负责的主人都应该带猫妈妈做一次产后体检。检查子宫、产道有无异样，有没有异物残留，这些肚子里的情况，是主人光靠观察发现不了的。产后最易发生的病症是"乳腺炎"，猫妈妈会因为乳房疼痛而拒绝给猫仔们喂奶。主人需要学习一些基本的应对常识，能让猫妈妈健康度过产褥期。

别怀疑，猫妈也需要在主人的帮助下进行"产后恢复"呢。

Question
什么原因会引发乳腺炎，猫咪出现乳腺炎有哪些表现，主人应该如何处理？

Answer
乳腺炎是母猫哺乳期最常见的疾病之一。主要是由于乳腺受到病原微生物的感染，也可能是体内其他部分染病经血行转移到乳腺而引发。

猫咪出现乳腺炎会出现以下表现：

①乳腺充血肿胀、疼痛，乳房上淋巴结肿大。

②泌乳量减少或者停止，乳液稀薄或含有絮状物。

③化脓性炎症时，乳液带有脓汁或带血。

④严重时，猫咪体温升高，食欲减退。

⑤转为慢性乳腺炎时，可在乳腺处触摸到硬块。

乳腺炎的主要防治措施：

①主人需要在产后认真对环境进行消毒。防止猫妈妈感染细菌。同时避免猫妈妈乳房受到外力打击。

②保持猫咪乳房及周围清洁，发现猫咪有感染炎症的迹象，及时将乳腺中的炎性分泌物挤出。

③如猫妈妈患上急性的乳腺炎，一定要送其到医治疗。

Question
产后猫咪还有哪些易患疾病，都有哪些症状以及如何应对？

Answer

产后痉挛、阴道炎、子宫脱垂、子宫内膜炎是猫咪产后常见疾病。这些疾病均需要就医治疗，但主人可以多加预防尽量避免这些情况的产生。

产后痉挛　　产后痉挛主要是由于怀孕期间猫妈妈补钙不足，产后又大量分泌乳液，导致血钙水平下降引起的。

猫咪出现产后痉挛会表现出兴奋不安、恐惧、哀叫、抽搐、肌肉强直痉挛、共济失调、倒地侧卧、惊厥等现象。同时，在痉挛期间还会出现呼吸困难、体温升高、呕吐的现象。若不及时治疗可能会导致猫咪死亡。

预防措施： 在怀孕期间加强补钙。

阴道炎　分娩、难产助产时导致的阴道损伤和感染会导致原发性的阴道炎。

猫咪常做出拱背、频频排尿、经常舔舐阴门等动作。阴道流出腥臭、带红色黏液或黄色脓样分泌物。当前庭、阴门被感染时，阴蒂和外阴部充血、肿胀。

预防措施： 在分娩和难产助产时，做好消毒工作，防止猫咪感染霉菌和滴虫，尽量避免阴道损伤和感染。如果猫咪患有子宫炎、尿道炎、膀胱炎等疾病，一定要及时治疗。

子宫脱垂　由于胎儿过多、过大或者羊水过多，生产时子宫肌受到过度牵拉，造成子宫肌松弛、收缩无力形成子宫脱垂。另外，怀孕期间缺乏运动，猫咪过于肥胖，体质瘦弱，都可能造成子宫脱垂。产道干燥，强力牵引助产也会使得子宫角随着胎儿产出发生脱出。

子宫脱垂分为两种情况。主人可观察到的是子宫脱出阴门外。初期为红色，外翻的子宫表面湿润，随后发生淤血、出血、干燥、水肿、破溃、化脓甚至坏死等现象。感染后猫咪体温升高，常对脱出的子宫进行舔舐。另外一种情况，是子宫角翻入宫腔和阴道。翻入宫腔时，多数猫咪没有异常表现，能自行复位。翻入阴道时，猫咪有轻度不安现象。就医时医生主要采用手术复位。同时，控制子宫感染，促进子宫收缩恢复。

预防措施： 怀孕期间，应加强猫咪的营养和运动。分娩时遭遇产道干燥，做好助产工作。

子宫内膜炎　　分娩时产道损伤，助产时消毒不严，产后胎膜滞留，恶露滞留都会造成子宫受到病源微生物感染而发生急性子宫内膜炎。慢性子宫内膜炎多由急性炎症转变而来。某些疾病也可引起子宫感染。交配过程中，公猫生殖器官的炎症也可引起母猫的慢性子宫内膜炎。

产后一周是急性子宫内膜炎多发时间。猫咪体温升高、食欲减退、呕吐、腹泻、拒绝哺乳、呻吟不安，阴道中排出暗红色带有恶臭的分泌物或者脓液等都是其常见表现。

就医时，一般以控制子宫炎症，提高子宫肌的紧张度，促进炎性分泌物排出为原则。

预防措施： 助产时要严格消毒。对产后胎膜、恶露滞留等产科疾病及时进行治疗。

绝育后，猫咪能长久陪伴

　　相对于频繁发情以及生育中面临的危险和痛苦，给猫咪绝育是一个好的选择。猫咪并不需要从两性关系中得到欢乐与满足，对猫咪来说，繁育后代是艰苦的。当第一次发情如期而至，猫咪会整夜持续尖声号叫。发情使它们毛色暗淡，食欲不振，体重骤降。如果不想猫咪为此承受痛苦，从根本上减少健康隐患，请主人考虑为成年猫咪实施绝育。目前的绝育手术已经非常成熟，猫咪不会遭受过多痛苦。

Question
市面上有猫用避孕药吗？可以给猫咪喂人用避孕药吗？

Answer
　　很遗憾，目前没有适合于猫服用的避孕药物。尽管给母猫喂食人用避孕药来避免发情或排卵，确有一定作用。但这会给母猫的健康造成极大的伤害。1/4片人用的避孕药内所含有的雌性激素，对一只猫来说已经严重过量。有越来越多的案例告诉我们，长期、大量地给猫喂食避孕药，能导致猫咪变懒、食欲亢进、体重过重。同时，能使猫的卵巢、子宫发生病变。并可引起猫动脉硬化、卵巢出血、卵巢囊肿，子宫易感染蓄脓或患上乳腺肿瘤，甚至乳腺癌。

Question 术前应该做哪些准备工作，术后如何对猫咪进行护理？

Answer 技术水平高低、消毒是否严谨，对于猫咪手术的影响极大。

为了避免出现不应有的意外医疗事故，一定要选择信誉好的宠物医院就医。术前确认猫咪身体健康良好，需要注意的是，母猫发情时不能手术。手术前最好能为猫咪注射疫苗免疫，避免因绝育导致猫咪抵抗力下降，感染猫瘟等疾病。手术前，要将猫咪装在猫包或航空箱里，记得带上一条小毯子。

术前、术中主人要做的事：

①手术前8~12小时禁食，4小时禁水。

②术前一周不要给猫咪洗澡。注意保暖，不能感冒。

③手术当天以早上去医院为好，因为此时就诊病例不多，大夫精力也充沛，更能保证猫咪的手术质量。术后，主人也有足够时间等待猫咪自然清醒。出现其他意外情况也方便急救。

④为了避免猫咪躺在冰冷的台子上，主人可以给猫咪铺上小毯子。手术后，请护士将猫咪安顿好。

⑤麻醉未清醒的猫咪要平放、侧躺。未恢复眨眼前不间断地滴眼药水，直到它能自己眨眼睛为止。

⑥公猫手术3小时后可饮水，进食需要等5小时。母猫术后4小时可饮水，6小时可进食。

术后回家对猫咪的护理：

①刚手术完的猫咪会因疼痛反复撕扯纱布和绷带。同时因为沾染了医院的气味拒绝主人靠近。主人应该多加关怀和陪伴。

②回家后应将猫咪安置在低处的猫窝中，能够让它们脖子伸直、躺平，注意通风。避免它们因穿着手术服、行动不便而摔伤，及时制止它撕扯、翻身、上下跳的行为。

③猫咪吃饭和上厕所，需要主人帮忙，不要让它自己行动。术后母猫顺利排出小便，才能证明手术真正成功。

④公猫绝育当天便可恢复常态，给它戴上伊丽莎白圈，避免它过度舔睾丸处的伤口导致发炎。

⑤母猫恢复较慢，如果不愿吃东西，别勉强它。如果它不喝水，可用小型针筒往它嘴里灌一些水。同时，它可能因怕疼而不大便，出现便秘情况，此时需要医生进行处理，不要自行使用开塞露。

⑥猫咪术后会发生1~2次小便失禁现象，主人可在猫窝里垫上隔尿垫，并及时清理。另外，它偶尔还会出现呕吐现象。

⑦拆线后，注意防止猫咪伤口裂开。如果发现伤口有红肿化脓现象，应带它及时就医。

Part 6

危机无处不在

体外虫虫哪里藏

给猫咪驱虫分为体内、体外两种。体外的寄生虫引起猫咪剧烈瘙痒，寝食难安，甚至影响猫咪生长发育。很多猫咪还会因为过于瘙痒将该部位挠破，从而引发其他问题。在对猫咪进行体外驱虫时，需要特别注意避免猫咪舔舐上药部位。将驱虫药涂在猫咪脖子后面肩颈部位比较安全。尽量做到体外驱虫后1~2周内不要给猫咪洗澡。体内外两种驱虫不光是驱虫方式不同，驱除杀灭的寄生虫种类也不同。这两者缺一不可，不可互相替代。

感染了寄生虫的猫咪真是有苦说不出，对于忍耐力超强的它们来说，主人发现它们染病时，情况就已经很严重了。

Question
常见的猫咪体外寄生虫有哪些？该如何预防与治疗？同时如何区别这些体外寄生虫与其他疾病？

Answer
常见猫咪体外寄生虫包括疥螨、跳蚤、虱子等几种。其中最常见的体外寄生虫是跳蚤。

疥螨　　　许多动物都可以相互传染疥螨。人体疥螨病的感染率也比较高。人的疥螨可以传染给猫，猫的疥螨也能感染人。疥螨可通过猫咪用具、人员交往传染。幼猫比成年猫易感且发病严重。换毛季节高发。

猫咪感染疥螨的主要特征：

最明显的特征是剧烈的瘙痒。猫咪会因为难以忍受的瘙痒持续摩擦、抓挠以及啃咬患部，并因此出现出血、结痂、脱毛以及皮下组织增厚的现象。主人扒开猫咪被毛还能看见皮肤病变为红斑和丘疹。以后逐渐发展成脓疱疹，脓液干涸后形成黄色痂皮。猫咪表现出烦躁不安、不思饮食的症状。

常见的发病部位：

四肢末端、面部、耳廓、腹侧及腹下部。

疥螨的预防治疗措施：

①保持猫舍干净、干燥，及时隔离患病动物是本病的预防措施。

②治疗前，剪去猫咪病变部位的毛。用肥皂水洗刷，再涂上药膏。因为疥螨的生存周期是3周，因此隔3周再治疗一次。彻底消除疥螨。

③因为该病可以传染人，因此在对猫咪进行治疗的同时，要注意防止人自身的感染。

跳蚤　　猫咪被跳蚤蜇刺时，会被其分泌的毒素及排泄物引起发炎及瘙痒。皮肤可见丘疹、红斑。猫咪变得不安、烦躁。持续啃咬和摩擦皮损的部位。也有表现出脱毛、皮屑、皮肤增厚、色素沉着等慢性非特异性皮炎症状的案例。严重时会发生继发感染。

跳蚤的危害：

跳蚤可以在猫咪全身找到。由于跳蚤卵没有黏性，会随着猫咪活动散落在家中各个的地方。它们生长速度惊人，即使一年不吃任何东西也能活下去。由于跳蚤靠吸食猫咪血液产卵，过量的跳蚤甚至会让猫咪贫血。主人如果被跳蚤叮咬，会出现钻心的刺痒，甚至发展成过敏性皮炎。

跳蚤的预防治疗措施：

①使用体外驱虫药涂在猫咪肩部。

②经常将猫咪用具放在阳光下暴晒，更换猫窝的垫褥。

③用吸尘器最大程度地收集蚤卵，并将吸尘器的收集盒放入沸水中煮10分钟以上，并用消毒水对猫咪活动场所彻底消毒。

虱子　　　　虱病由兽虱与毛虱引起。秋冬季高发，因为此时猫咪被毛浓密，有利于虱的繁殖。兽虱以吸血为生，毛虱以吃被毛和皮屑为生。猫咪多半是由于直接接触传染源而受到感染的。

猫咪感染虱病后的主要症状：

猫咪被虱子吸血时分泌的毒液刺激神经末梢，感到极痒，影响采食和休息，并不断啃咬患处，常引发细菌感染，脱皮、脱毛，出现化脓性皮炎。

虱病的预防治疗措施：

①发生继发感染的猫咪，先治疗继发感染疾病，

②人工抓除是本病的主要治疗方法，同时还要对猫咪施放外用驱虫药。

③保持环境干净，及时发现猫咪体表有无虱的寄生，及时治疗。

Question 体外驱虫药的使用方法，治疗注意事项是什么？

Answer 体外驱虫药有滴剂与喷剂两种。

疥螨需要与秃毛癣、湿疹以及虱病相区别。秃毛癣没有痒感。病变部位脱毛斑界限明显，剥离覆盖在脱毛斑上的痂皮后，皮肤光滑。湿疹虽然跟疥螨病非常类似，但最大的区别是皮屑内没有螨虫，也不及疥螨痒感剧烈。感染了虱病的猫咪，皮肤多半正常，扒开被毛能发现吸血虱或者毛虱，能检出大量白色虱卵。而感染了跳蚤之后的表现，要与各种过敏症、皮肤真菌病相区别。

体外滴剂驱虫药的使用方法

1. 掰开猫咪颈后与肩胛骨之间的被毛，直接将滴剂滴在上面。

2. 保持扒开被毛的动作直到药水渗入皮肤，之后合上被毛覆盖住药水。

3. 沿着猫咪脊椎几个点用药。切忌全身随处滴。此外还应确认猫咪舔舐不到。

重点提示：

如果猫咪皮肤有破损，千万不要将药液用于破损皮肤。使用前后的72小时内，不要给猫咪洗澡。

体外喷剂驱虫药的使用方法

1. 将猫咪被毛掀开，在距离被毛10~20厘米处逆毛喷淋，使猫咪全身毛发皮肤湿透。

2. 反复揉搓喷药部位，让药物可以分布在全部皮肤及被毛上。

3. 避开猫咪眼睛，喷药时腹部、胸部、颈部、尾部及脚部都要喷到。

4. 处理猫咪脸部时，最好先将喷剂喷在柔软的布上，再将药液涂擦在猫咪的脸部。

重点提示：

不要使用吹风机，应任猫咪被毛自然风干。不要使用除蚤项圈，它的主要作用是驱除而不是杀死跳蚤，治标不治本。

防不胜防的**过敏反应**

　　猫咪也会过敏吗？提及过敏，主人总是将它跟食物联系在一起。但实际上，除了食物过敏外，猫咪过敏的方式和致敏原是多种多样的，有很多情况甚至跟主人有关。比如主人身上的皮屑，床上、被子上的螨虫，都可能让猫咪过敏，出现皮肤不适、红肿。不过大部分因此出现过敏症状，并不像人类对猫咪过敏那样反应明显。

Question
哪些情况下，猫咪会出现过敏反应？主人应该如何应对？

Answer
猫咪常见的过敏反应有呼吸道过敏、皮肤过敏、对尘螨过敏及对其他动物过敏。

呼吸道过敏

　　猫咪呼吸道过敏主要表现为打喷嚏或者咳嗽。多半是由尘螨、粉尘、花粉以及空气中的某些病毒引起。因此，发现猫咪打喷嚏或者咳嗽时，要将这些因素考虑进去，而不要只怀疑猫咪感冒了，甚至胡乱用药。要尽快找医生确诊，看猫咪对什么过敏，注意猫咪不正常反应的频率。比如观察到由于家里摆放有鲜花，猫咪便开始打喷嚏或出现不适反应，就要第一时间把花移走。

皮肤过敏　　　　猫咪典型的皮肤过敏反应很难跟皮肤病区分开来。比如它们都会造成猫咪剧烈瘙痒，甚至身上会出现红疹和红肿反应，主要还是要靠化验进行确诊。

对尘螨过敏　　　　即使不能判断猫咪是否对尘螨过敏，作为好主人也应保持居住环境干净、整洁。对床垫、织物使用除螨吸尘器，定期给空调做清洗。必要时，使用对宠物安全有效的织物喷剂。

对其他动物过敏　　　　天气晴好的时候，主人会带猫咪外出或者院子里会来一些特别的朋友，比如蝴蝶、蛾子、蜜蜂、马蜂等。这些看起来色彩斑斓又飞来飞去的小生物往往会吸引猫咪捕捉，从而给猫咪带来过敏反应。

①一般来说，蝴蝶和蛾子身上的鳞粉虽然绚丽，但主要是起保护自己，融入环境的作用，不一定有剧毒。它们不慎进入猫咪眼睛倒是值得关注的事。主人发现猫咪扑了蝴蝶之后，最好把它们的爪子洗干净。另外若鳞粉进入眼睛，要及时用洗眼液清洗眼睛，必要时就医。

②马蜂和蜜蜂要危险得多，猫咪去抓它们多半会被蜇伤，马蜂和蜜蜂留下的毒液也可能会引起猫咪的过敏反应，主人一定要及时处理猫咪蜇伤后肿胀的区域。先把残留的针刺拔除，由于蜂毒可溶于水，可用水仔细清洗患部，再用湿毛巾等包裹患部。如果发现患处发烫可以进行冰敷，必要时就医。

③还有一些猫咪不但会玩弄虫子，比如蟑螂、苍蝇等，还会把它们吃进嘴里。主人一旦发现它们有吃昆虫的现象，应在近期做一次体内驱虫，防止体内感染寄生虫。主人应多用物理杀虫，比如蟑螂、苍蝇贴及电蚊灯等。及时帮猫咪清洁刷牙，不要过于嫌弃它们，否则会让它们患上心理疾病。

对人类过敏 如果已知猫咪是对主人的皮屑、毛发过敏，主人要特别注意卫生，每天洗澡，尤其男性要定期刮胡子和体毛。注意不要把外界的致敏原带回家。

Question

猫咪患有湿疹是不是过敏反应？这是什么原因造成的，该如何预防与治疗？

Answer

湿疹是一种迟发性过敏反应，是皮肤表层急性和慢性炎症引起的一个症候群。发病原因复杂，病情也很多样化。湿疹的发生是猫咪先天遗传或后天获得性的致敏状态和环境致敏因子相互作用的结果。

湿疹按其病程和皮炎的表现，分为急性湿疹和慢性湿疹两种。

①急性湿疹可分为红斑期、丘疹期、水疱期、溃烂或湿润期、结痂期及脱屑期。主要表现为界限不清呈斑点状的皮疹，并伴有瘙痒和溃烂。湿疹常以某个时期表现相对突出的症状命名，比如水疱期占主要地位的时候被称为水疱性湿疹。猫最常见的湿疹是湿润性湿疹，一般经过2～6周时间即可痊愈。但如果护理不当，病程也会随之延长。

②慢性湿疹往往由急性湿疹反复发作、绵延不愈发展而来。主要特征是皮肤增厚、苔藓样病变和被毛粗糙。慢性湿疹病程很长，可数月甚至数年都不愈。

湿疹的主要防治措施：

目前，湿疹尚无有效的预防措施，以治疗为主。平时需要主动消除病因，加强护理，对猫咪进行脱敏、促进消散和防止继发感染的治疗。

①防止啃咬。给猫咪装上口笼，或将患处用绷带包扎，以防止猫啃咬。

②局部治疗。剪去患处被毛，将创面异物清除。

③根据医嘱，对猫咪患处进行上药处理，并尽可能除去内外刺激因素。

④注意饲喂易消化、营养丰富的食物，增加猫咪机体抵抗力。

⑤脱敏治疗。可按说明书要求，应用扑尔敏常量内服。

注意：治疗过程中如果用到皮质类固醇激素疗法时，要严格控制实施的剂量，不要超量使用。

Question
Q猫咪哮喘是不是也是由过敏造成的？

Answer
猫咪哮喘也就是慢性支气管炎、支气管哮喘。这是一种由草、花粉、烟、各种喷雾剂、各种粉尘或食物等过敏原引起的呼吸系统疾病。如果无法清除过敏原，哮喘的症状会一直持续，并呈现越来越密集发作的趋势。

猫咪哮喘的主要症状：

①猫咪会蹲成母鸡状，把脖子伸长紧贴地面，并出现粗裂的喘鸣音，有时还伴随着咳嗽。

②随着过敏原出现的频率不同以及病程发展，猫咪哮喘发作的频率会不同。有的会间隔几天、几个月甚至几年才发作一次。大多数猫咪哮喘发作时间只有几秒或者几分钟，而有一部分猫咪会每天密集持续地发作。这时候必须采取措施控制病情。

哮喘在2~8岁的中青年母猫中发病概率较高。暹罗猫和喜马拉雅猫比其他品种更容易发生哮喘。长期反复发作的哮喘可发展为肺气肿、肺源性心脏病，严重的会导致猫咪呼吸衰竭死亡。

哮喘的主要防治措施：

缓解猫咪哮喘症状，减少猫咪呼吸道黏液分泌量，控制炎症和过敏反应。

①可采用雾化手段，将支气管扩张药物直接通过呼吸道给药，不但起效迅速，并能减少对全身的副作用。

②哮喘较严重时，需结合全身用药，口服皮质激素类药物。

③尽量确定过敏原，避免猫接触。

④适当减重可以在一定程度上降低猫咪呼吸窘迫的症状。

⑤可改喂低过敏的处方猫粮。

危险有时就在身边

　　危险无处不在，即使拥有出色的运动能力，号称有"九条命"的猫咪也容易在自家地盘上受伤。很多主人不太注意，家中其实有很多对猫咪来说很危险的东西。例如刀具，主人如果将刀具随意摆放在料理台上，猫咪跳上去玩耍时，会不小心受伤。它们可不知道那是多么危险的东西。另外，玩耍中被摔破的玻璃制品，对猫咪来说也是危险的。同时，被桌角撞伤、误吞针线、幼猫被沙发、墙壁间缝隙卡住的例子也并不鲜见。家有猫咪的主人，一定要把自家的安全级别提升到跟家有蹒跚学步的宝宝一样。

别让猫咪生活在重重的危险中，赶紧来一次大扫除吧！

Question
家里哪些角落容易使猫咪受伤，遇到紧急情况应该如何处理？

Answer
奔跑跟探险是猫咪的天性，主人是不可能禁止的。但是可以做一些相应的改动，减少家里容易造成猫咪受伤的隐患。只要稍微留心，一些很小的安全举措都能避免很多大问题。

①在家里铺上地毯，减缓猫咪奔跑的速度，猫咪就不会因为横冲直撞受伤。
②给锐利的桌角装上圆润的防撞器。

③不要给纱窗留下会卡住猫咪四肢的破洞。

④对于那些容易被撞到的花瓶、瓷器，在底部黏上双面胶或者固定在桌子上，可以减少猫咪撞倒它们的概率。

⑤如果家里有幼猫，要减少家里的缝隙，它们可是很热衷把自己卡在里面的呢。

⑥能放进抽屉或者柜子的针线盒，一定不要暴露在外面，装在门能扣住的柜子或收纳盒里更好，聪明的猫咪有可能会开门哦。

⑦对于年老的猫咪来说，降低家里家具的高度落差，可以减少它们因为攀爬能力下降而跌落受伤的可能。

Question
常见的预防措施我们已经知道了，还有哪些特殊地方是主人应该留心的？

Answer
主人如果有绘画、烘焙、花草养殖、手工制作等爱好，应该格外注意家庭物品的收纳。因为那些物品对猫咪来说，通常都是危险甚至致命的。

颜料和油彩对猫咪来说是危险的。

大部分的颜料跟油彩都是有弱毒性的。对于人来说，如果沾染到身上，洗掉就可以了。可别忘了，猫咪是会通过舔舐来除掉沾到身上的颜料的。这就会造成猫咪中毒，轻则呕吐腹泻，重则直接导致死亡。

爱画画的主人这样做：

①画画的地方不要让猫咪随意出入。

②画完后，主人要及时清洁颜料盒以及画室，并且将颜料拧紧。

③不要让猫咪接触未干的画作，一来别让猫咪毁了主人的心血，二来也是避免它们沾上未干的颜料。

对于已经沾染颜料的猫咪，主人这样做：

①对于可以洗掉的水性颜料，用宠物沐浴液多洗几遍，不要让颜料残留在猫咪被毛上。

②如果是无法洗掉的颜料或是油漆，将被沾染的被毛剪掉是最安全的做法。

爱烘焙的你有太多要注意的问题。

前面已经提到过，刀具对猫咪来说是很危险的，同样会危害猫咪的还有烤箱，会造成猫咪烫伤。而烘焙原料对猫咪来说也并不是美食，比如巧克力，对猫咪来说是致命。吉利丁片、鱼胶粉、奶制品会造成猫咪消化不良以及腹泻。同样，主人也不希望自己的烘焙材料变成猫咪的玩具。

爱烘焙的主人这样做：

①最好将烘焙厨房设置成猫咪的禁地，有门能关闭更好。

②集中将烘焙原料放置在猫咪看不见的地方密封保存，需要冷藏的原料放进冰箱。

③使用厨师机及打蛋器时，先开较小的档位，避免突如其来的噪音让猫咪受到惊吓。

④即便是对猫咪无害的甜点，也尽量不要让猫咪食用，过度摄入，会令猫咪变得肥胖。也会带来健康隐患。

⑤不要让猫咪养成在烘焙厨房吃饭的习惯。

养花种草的你尽量多种猫草吧。

主人养花种草对猫咪来说是一件很危险的事情。因为不管是泥土里可能存在的寄生虫，还是除虫剂，对猫咪的健康来说都是巨大的挑战。甚至有很多植物和花卉，比如百合花、万年青、洋葱，本身对猫咪就是有毒的。另外，对于植物来说，猫咪也是一种威胁。因为，它们很有可能就将花盆当做猫砂盆来用。

爱养花种草的主人这样做：

①将园艺区与猫咪隔离开来，猫咪和植物互不接触，多用物理除虫，少用化学制剂。

②用吊篮将植物养在猫咪不可能碰到的地方，或者在植物旁边放一些带有猫咪讨厌味道的物品。

③种猫草是最能两全其美的办法。在增加家庭绿色的同时，也能借助它维护猫咪的健康。

④随时收好种植工具，使用完毕后及时清洗。

热爱手作的主人收好你的黏合剂。

针头线脑、碎布头、珠子等对猫咪的危害毋庸多言。这里重点要提醒手作过程中，需要使用到化学黏合剂的主人，一定要将化学黏合剂收到猫咪无法接触的地方。因为，它们比起颜料来说毒性更强，粘在皮肤上会导致猫咪出现红肿、过敏或是腐蚀性损伤。

爱手作的主人这样做：

①收好锥子、锤子等尖锐的物品，不要让猫咪把它们当玩具，不让它们随意进出工作室。

②及时收好所有房间物品，任何可能对猫咪造成伤害的物品都要放在安全的地方。

③擦拭过化学试剂的纸张以及接触过化学试剂的手套及时清理出房间。

猫咪沾染了黏合剂后怎么办：

剃光猫咪黏合部位的被毛，皮肤黏住时，最好交给医生进行处理。

紧急事件的相关处理

　　作为一个合格的主人，需要学习很多相关的疾病处理常识，以应对日常生活中猫咪可能遭遇的各种意外。因为，有些意外是需要主人及时处理再送医救治的，否则可能让猫咪错过最佳的救治时机。多了解一些这方面知识，猫咪的安全会得到更多的保障。

在发生意外时一定要保持冷静，否则可能错过最佳救治时机！

Question 如果发现猫咪中毒该如何处理？

Answer 日常生活中，猫咪非常容易误食农药、鼠药、杀虫剂、沥青、染料、防腐剂等化学物品引起中毒。中毒的表现为流口水、呕吐、抽搐、腹泻、瘫痪、昏迷、四肢僵硬等。此时，主人将怀疑引起中毒的物品密封与猫咪一起送去医院。

另外一种情况是猫咪中了蟾蜍的毒或是被蛇咬

（1）被蛇咬伤时

　　被蛇咬的症状相对来说比较容易分辨。主要表现是全身无力，身体有肿起的部分，同时在上面可以发现咬痕。

此时主人可以这样处理：

①为避免毒液扩散，如果咬伤处在猫咪四肢或尾巴时，要在伤口的近心端，距离伤口2~3厘米处用绳子或布条缠紧，然后立即送医。

②距离医院较远时，为了让血液能够流通，每隔15分钟需要将绳子松开10秒钟。

（2）沾染到蟾蜍毒液时

猫咪咬了蟾蜍或是沾染到毒液，会引起严重发炎，甚至可能会因为中毒，口吐白沫而失去意识。

此时主人可以这样处理：

①用水彻底洗净沾上毒液的地方。

②出现中毒症状时及时送医治疗。

Question

还有哪些意外是生活中猫咪常会遇到的？

Answer
触电、溺水、从高处跌落是猫咪常会遇到的意外。抢救触电的猫咪时，主人需要格外小心，避免自己也遭遇触电危险。而溺水的猫咪抢救一定要及时。此外，需要掌握摔伤猫咪的基本抢救原则，尤其是当猫咪遭遇骨折时，错误的救治方式会给猫咪带来终生无法治愈的残疾，甚至直接导致猫咪死亡。

调皮的猫咪遭遇触电危机。

年幼的猫咪对一切充满好奇，尤其是长牙期间，家中的电线对于它们来说是磨牙的好玩具。此时，主人需要格外注意，避免猫咪咬破电线绝缘表皮而触电。

当发现猫咪因触电倒下时，千万不能惊慌，也一定不能碰触它。要按以下步骤处置：

①拔掉电线插头，或者把家中电闸拉掉。

②为避免猫咪失温，主人需要用毛巾将猫咪裹起来，并准备一个毛巾包裹的热水袋或暖宝宝放在猫咪身边。

③进行保温的同时，及时将猫咪送往医院救治。

猫咪溺水抢救两步走：

对溺水的猫咪，主人首先要确认其心脏是否还在跳动，根据心脏跳动的情况，分别进行急救操作。测试的方法是，将手指尖放在紧靠猫咪前腿后的胸下部，感受猫咪心脏的跳动。

（1）心脏仍在跳动时

确认猫咪心脏仍在跳动后，双手提起猫咪后脚，将它倒抓起来进行摇晃，直到猫咪将水吐出。

当感觉猫咪呼吸仍然虚弱时，请将猫咪伸直脖子侧躺，用手压住猫咪嘴巴，对准鼻孔吹气。

用力吹气3秒，直到猫咪胸部隆起，能感受到阻力。

停止10秒后，观察猫咪是否恢复自主呼吸。

如果没有则重复以上过程。

（2）心脏停跳时，要实施人工心肺复苏术

让猫侧躺，将手从猫咪前脚之间伸到胸部，用手心抵住猫咪肋骨。

用拇指和食指以每秒一次的频率按压2下，第3下时放松，持续1分钟。

进行1分钟人工呼吸。

等待10秒，如果猫咪心跳没有恢复，重复以上过程。

高空摔落要具体情况具体分析：

主人需要确认猫咪出血、外伤以及骨折情况。如发现猫咪五官、肛门或者尿道出血，可判定为内脏破裂。此时尽量不要挪动猫咪身体，可以从猫咪身下插入硬板，将其即刻送往医院。

①背部摔伤时。猫咪会一动不动地躺在原地。较轻的损伤，1个月左右会自愈。但若情况严重，伤及脊髓与神经，猫咪可能瘫痪。因此，要小心尽量平稳地将猫咪平装入纸箱，千万不要拎着它的四肢放入纸箱中。仍然要用硬板放在身下转移，及时送医检查。

②头部受到撞击时。如果伴随出血，猫咪脑部会浮肿，脑压升高，严重时候会昏迷，有的则会因为意识不清发生踉跄或是出现痉挛症状。这时应尽快就医，搬运时要注意尽量避免移动猫咪头部。

③腹部摔伤时。不容易判断伤势情况。除非发现出血，否则只能凭借猫咪的行为判断。如果它表现得特别难受，伸出舌头，或是趴在瓷砖上冷却腹部，主人就需要多加注意。

④发生骨折时。注意判断伤情。开放性骨折比较容易判断，此时猫咪容易因为出血过度而休克，用双氧水对猫咪进行消毒后，用干净的纱布或是毛巾覆盖伤口，立刻送医。不完全开放的骨折，会呈现患处肿大并伴有强烈疼痛，猫咪拒绝被触摸。如果没有其他情况，主人需要多人协助用筷子、木棒、衣架等固定猫咪患处，用纱布把它包裹起来，送往医院。

其他猫咪常见疾病

佝偻病是因为缺乏维生素D

猫佝偻病通常发生在1~3个月的幼猫身上，主人最容易观察到的症状是猫咪出现抽搐。猫佝偻病也叫猫软骨病，主要是维生素D缺乏，钙、磷代谢障碍引起骨组织发育不良。光照不足、过早断奶都可引起维生素缺乏，食物中钙、磷不足或是比例不当都是引起猫咪出现佝偻病的原因。

佝偻病重在预防，当然，一旦真的发生了，也要尽快采取措施。

Question
Q 除了抽搐之外，猫咪还会有哪些表现？

Answer

严重缺钙时，不管猫咪是睡着还是清醒，都会发生抽搐。同时，伴有食欲不振，胃功能减弱或是异食等表现。另外还有一种表现需要引起主人注意，就是恐高，不敢从高处跳下，并且不再活泼。

佝偻病还会造成猫咪拱背跛行、四肢变形、X或O型腿。严重的会造成腰椎凹陷，甚至死亡。尽管及时治疗后，能够将此病治愈，猫咪还是会留下腰椎永久变形，无法生育等严重后遗症。

Question 如何照顾患有佝偻病的猫咪？

Answer

及时补充维生素D，多晒太阳，对于骨骼出现畸形的猫咪，主人应采取主动或者被动的方法矫正。

（1）补充维生素D

口服或者注射维生素D都可以，但要注意停止大量喂食肝脏。因为长期大量喂食，除了会造成猫咪体内维生素A超标，还会造成维生素D的流失。

（2）多晒太阳

缺乏阳光照射容易导致猫咪钙、磷代谢紊乱，特别是对小猫的骨骼生长发育影响巨大，甚至会引起猫咪佝偻病！有条件的家庭，主人要多让猫咪晒晒太阳，并尽量让猫咪多运动，这对它们骨骼的生长发育是有好处的。

（3）加强体格锻炼

①胸部畸形的猫咪：常做俯卧位抬头展胸运动。

②下肢畸形的猫咪：常为其作肌肉按摩是好办法。"O"形腿可按摩外侧肌，"X"形腿则需要按摩内侧肌，增加猫咪下肢肌肉张力以矫正畸形。

糖尿病因溺爱而来

　　猫糖尿病的发病率一直呈增长趋势，究其原因，是因为猫咪进入家庭后，没有了捕猎的需要，主人还对它们宠爱有加，除了日常饮食外，还会提供很多美味的罐头与零食造成的。甚至在发现猫咪已经往横向发展时，还觉得它们胖胖的很可爱，猫咪不愿意运动也随它去。却不知跟人类一样，猫咪的糖尿病，也是一种富贵病。

Question
猫咪患上糖尿病会有哪些表现，哪些猫咪容易患上这类疾病？

Answer
猫糖尿病由胰岛素产生不足或机体细胞对胰岛素反应不良引起。胰岛素分泌不足会引发Ⅰ型糖尿病。Ⅱ型糖尿病则多因为猫咪肌体对胰岛素不敏感造成，80%~95%的猫咪患上的是Ⅱ型糖尿病。Ⅲ糖尿病是继发性糖尿病。

　　发现猫咪出现以下情况立即就医，千万不要放任其发展，否则会危及猫咪生命。

　　①食欲旺盛、饮水量以及尿量增多，但体重却迅速减轻，甚至出现脱水现象，这是猫咪患上糖尿病初期的症状。

　　②当猫咪出现食欲不振、走路摇晃、精神萎靡等症状时，说明它病情恶化了。

　　③糖尿病严重时，猫咪会出现皮肤变薄，易受伤，出现黄疸、昏迷、急性炎症等严重症状。

　　雄性猫咪患糖尿病的概率高于雌性猫咪，且年龄在8岁以上已经绝育的雄性猫咪更容易发生糖尿病。

Question
猫糖尿病可以治好吗，如何缓解猫咪病情呢？

Answer
糖尿病并不是一个短时间内能治愈的疾病。但它可以通过治疗得到控制和缓解。这是一个长期的过程。猫咪甚至可能一生都需要胰岛素来控制血糖。这对主人的爱心与责任心是巨大的考验。但如果不进行治疗，就会危及猫咪的生命。

（1）饮食控制

患有糖尿病的猫咪应提供易消化、优质、高蛋白、低脂肪、低碳水化合物的食物。

（2）定时定量

选择猫咪主食时，干粮的含肉量不小于26%，湿粮含肉量不小于80%，避免一次大量进食。

（3）注意胰岛素用量

根据患病猫病情调整胰岛素用量，一定要保证猫咪使用的给药剂量是恰当的。

（4）健康的生活方式避免肥胖

主人通过合理规律饮食与运动锻炼相结合的做法，使猫咪保持健康的生活方式。在家中安放猫爬架，多陪猫咪玩耍都可以增加猫咪的运动量。

容易被误解的呼吸道感染

打喷嚏、流鼻涕、流眼泪、咳嗽、发烧，当猫咪出现这些症状时，主人理所当然地认为猫咪是"感冒"了。甚至会觉得这是小问题，扛一扛，也就过去了。其实，猫咪出现这些症状往往是由疱疹病毒、卡西里病毒和杯状病毒等引起的，并且通常出现在天气转暖的季节。如果猫咪是第一次出现这种情况，最好带它去医院进行化验和诊断，对症治疗。

Question
为什么春夏季节猫咪出现感染的情况多？如果不是普通的"感冒"，那猫咪出现这些症状又说明了什么问题？

Answer

大多数猫咪身体都会携带这些病毒，任何季节，只要猫咪抵抗力下降，都有可能会造成呼吸道感染。不要觉得只有春夏季节呼吸道感染会多发。春夏季出现感染较多可能是以下原因造成的：

①天气变暖时，病毒变得格外活跃。

②转暖时，开窗通风或给猫洗澡的频率增加，会使得冷热交替，刺激病毒诱发呼吸道感染。

③夏季开空调也容易造成室内细菌增加，同时冷风会刺激猫咪的呼吸道。

不同病毒引起的疾病症状有时很相似，需要深入诊断。打喷嚏、流鼻涕往往只是其初始的轻微症状。随之而来的则是其他严重的感染，如口腔溃疡或者咳喘。

Question
如何才能避免猫咪出现呼吸道感染？

Answer

没生病时，不要总带猫咪去医院，也别常去宠物店这种太多猫聚集的场所，避免传染。平时注意给猫咪补充营养，加强锻炼，增加其免疫力。在呼吸道疾病高发季节，给猫咪补充赖氨酸。不管是什么季节，给猫咪洗澡时都要防止它受凉。定期打疫苗虽然可以预防部分呼吸道疾病，但还是避免不了这些疾病的发生。

Part 8

猫咪的不良情绪

猫咪突然"发神经"

主人们总以为猫咪整天就是吃饭、喝水、玩耍跟睡觉，自由自在，无忧无虑。它们每天被主人打扮得美美的，哪怕身材圆润一点，也从不担心主人嫌弃。这种"猫生"简直不要太令人羡慕哦！可是突然有一天，猫咪"发神经"了，整天睡觉，罐头也不吃了，心情也不太好，主人试图接近它，哄一哄，似乎也不太起效，似乎陷入了坏情绪无法自拔。这可如何是好呢？

面对猫咪的突然抑郁，主人可得多多关心才行。

Question
到底要怎么判断猫咪只是偶尔闹闹小脾气，还是真的情绪出现了严重问题？

Answer
要准确区分猫咪是偶发性的情绪不佳，还是产生了情绪问题，取决于主人平时对猫咪的观察以及了解程度。负责任的主人，可以第一时间敏锐地发现猫咪的问题。当猫咪出现以下情况时，主人应高度注意。

（1）睡得多动得少了

即使猫咪本身就特别能睡觉，一天可能要睡上16个小时左右，但是那也是有规律可循的。比如它会定时叫醒主人，等主人给自己喂早饭。主人下班时候，缠着主人陪它玩。即便是猫咪在睡觉，当主人大声叫它名字的时候，猫咪也会迅速醒过来，回应主人的呼唤。可当它睡觉时间超出常态时，主人会发现，它对自己的反应变慢或者消失了。

（2）玩都打不起精神

猫咪一天最开心的时间应该是跟主人一起玩耍的时候。如果不是身体生病了，它突然不理不睬，无论主人用它多喜欢的玩具引诱它，都不能让它提起兴趣，那就不正常了。

（3）它用叫声告诉你它病了

平时个性安静的猫咪，不在发情期，突然出现大声嚎叫或者发出不安的声音，甚至是半夜也不睡觉，自顾嚎叫，预示着它的心情真的很糟糕。这也许是它在自言自语，也许是在向主人"求救"，告诉主人自己很难受。

（4）静静，它只想静静

即使猫咪比较喜欢独处，但它也需要正常的社交。如果本身就不太接触外界的猫咪，出现情绪问题时，会选择躲藏起来，谁也不见。

（5）暴饮暴食都可能

猫咪情绪出现严重问题时，可能出现饮食失调的症状。暴饮暴食，或者厌食都是常见的表现。暴瘦的猫咪可能会及时引起主人的注意，而暴食的猫咪，主人也许就没那么快发现猫咪不对劲了。

（6）猫咪不爱漂亮了

大家都知道猫咪非常爱干净，总能看到它在打理自己的被毛。如果猫咪突然变得邋遢了，被毛乱糟糟的，或者是发了狂地舔毛，甚至把某处的被毛舔秃了，这不一定是皮肤出现了问题，很有可能是猫咪患上了情绪病。

（7）压力会导致猫咪出现乱尿的行为

正常的情况下，已经养成定点排尿习惯的猫咪是不会到处乱尿的。虽然它们也会用尿尿标记地点，但作为已经很熟悉的家来说，它们没有必要这么做。猫咪很有可能因为发脾气，感到紧张等原因乱尿。因此，需要区分是否是由情绪病引起的。

Question
如果猫咪出现了以上这些严重的情绪问题，作为主人应该怎么办？

Answer
首先，主人要意识到自己是猫咪的整个世界。它们情绪的问题，除了某些应激反应，大多来自于主人。如果主人的情绪出现了波动，把周围气氛弄得很紧张，或者向猫咪撒气，是一定会影响猫咪情绪的。本就敏感的猫咪会完全丧失安全感，逐渐加强心理戒备，心理就产生了偏差。

①主人要调节自己的情绪，与猫咪愉快地相处。

②即使猫咪出现异常行为，也不要打骂、体罚，否则会形成恶性循环。

③除非它自己愿意，不要强迫猫咪做它不愿意做的事情。

④要对猫咪有耐心，给它足够的时间好转。当以上办法都行不通时，及时求助宠物医师。

让猫咪的生活没有压力

除了深受主人情绪影响，还有很多原因都会造成猫咪出现情绪障碍，甚至抑郁，压力就是其中很重要的一点。这种压力多半来自于环境的改变，比如搬家、家里发生细小的改变、减少或增加人口。当然，引起情绪障碍、抑郁的原因，还包括疾病以及某些目前为止人类尚未理解的原因或因素，但作为主人，至少可以做到设法减小猫咪生活中的压力。

Question
猫咪压力的来源包括哪些？如何给猫咪营造没有压力的生活环境？

Answer

猫咪是谜一般的生物，可以说，任何改变都会给猫咪带来压力。排除季节性情感障碍、长期不适、被慢性病反复折磨这些原因。主人要注意以下几点：

（1）离开熟悉的环境

猫咪每天会在家里走来走去，那是在巡查自己的领地。某些猫咪对环境的改变特别敏感，哪怕是一张桌子、一张椅子的位置发生改变都会引起它的压力，更别提搬家这种环境的颠覆性改变了，它需要时间适应。

（2）周围人员的改变

主人们都知道，猫咪把生活在一起的人类、同伴当做是室友。不管关系是否亲密，都是家人一般的存在。如果熟悉的成员突然消失，不论是搬离还是死亡，

对猫咪来说，都是非常大的打击，这是它们所不能理解的。它们会一直试图寻找，呼唤。此时，如果主人没有理解并安抚它们，那些压力会大到引起它们的抑郁。

（3）关注不够

当主人对猫咪的关注度下降时，猫咪会变得格外沮丧。如果完全忽略它们，会导致猫咪压力骤增。很多主人以为给猫咪带回新的同伴可以缓解它们的压力。可事实上，这种可能性非常小。猫咪只希望占有主人全部的关注。而不希望被分享。尤其是一些个性活泼的猫咪，主人对其的关注度下降，它们表现得更为敏感。

Question
如何让猫咪生活得没有压力，或者如何减轻它们的压力呢？

Answer
对猫咪来说，拥有稳定的领地，充足的食物，丰富的日常生活，爱它的主人或者熟悉的小伙伴一直陪伴在身边，便是世间最好的生活。

（1）稳定的领地

不要轻易改变居住环境，即使要做出改变，也应该是小范围的，一点点地改变。必须搬家时，先给猫咪一个纸箱或者让它们适应航空箱。搬到新家后，至少它们还有一个熟悉的角落，而不至于面对崭新的环境茫然无措。

（2）多样的玩具可以丰富它们的日常

主人应多跟猫咪玩耍，不在家时，要留给它足够的玩具，让它们不至于寂寞。电视也许是好的帮手。猫咪喜欢看窗外的景色，如果不能满足这一点，那么可以播放一些表现大自然的画面，让它们觉得自己不是生活在狭小的空间里。

（3）陪伴是最长情的告白

猫咪独立，却也需要跟主人交流，每天主人一定要抽出一定时间陪猫咪玩耍。如果它们主动找你，就更不要拒绝它们的邀请，要用抚摸、语言告诉它们，你是喜欢它的。如果它抑郁了，不愿意交流，也不必强迫，只需保持关注就好。

（4）给点阳光，它会灿烂

如果情感障碍的症状出现在冬季，多带猫咪外出晒太阳是个解决问题好方法。尝试把它们的小窝放房子光照时间较长的地方，或者直接购买模拟紫外线光，每天帮它们照射。最好的办法是多带它们到户外运动。

（5）母猫需要更多关爱

相对于公猫来说，母猫更为敏感。它们独立且小心翼翼，对外界更有警惕心，不太喜欢主人拥抱，总是带着点小脾气。对于新事物，母猫的适应力更差一些。

（6）如果病情严重，在医生的指导下合理用药

宠物医师会建议主人对猫咪采用费洛蒙疗法。这种物质可以让猫咪得到放松、感到快乐。也有猫咪用的抗抑郁药物，但是这些药物的副作用非常的大，要谨慎选择。

Part 9

猫咪疾病快问快答

猫咪饮食禁忌

Question
除了不能吃巧克力，还有哪些食物是猫咪绝不能吃的？

Answer
洋葱、生鸡蛋、易引起过敏的水产品、甜食、葡萄都是猫咪不能或不宜食用的。

①洋葱会破坏猫咪的红血球，引起溶血性贫血，甚至会导致猫咪死亡。

②生鸡蛋中含有大量细菌，会破坏猫咪的抵抗力。

③猫咪有可能对章鱼、乌贼过敏，这些水产品常会引起它们消化不良，甚至因此患上急慢性肠胃炎症。

④猫咪其实感受不到甜味，喂食甜品会引起猫咪肥胖，糖尿病或蛀牙。

⑤葡萄会对猫咪肾脏产生严重不良影响。

⑥鸡骨、鱼骨煮熟后坚硬且不易消化。猫咪不善咀嚼，所以，这些骨头对它们的肠胃来说是非常危险的。

⑦很多猫咪都有乳糖不耐受症，喂食牛奶时应少量尝试，就算没有出现腹泻现象，猫咪也是不能多喝牛奶的。

⑧肝脏与胡萝卜最好不要同时喂食，也不要过量喂食，这样会导致猫咪维生素A积蓄性中毒。

⑨不要给猫咪喂食生的鱼跟肉类，否则可能导致猫咪感染寄生虫。

打架受伤的处理方式

Question
Q 猫咪爱打架，应该如何处理猫咪这些小伤口？

Answer
A 这样来处理。

　　猫咪打架最容易头部受伤。如果伤口很靠近眼睛，在确定它眼睛没有受伤的情况下，先给它彻底消毒。注意不要随意涂抹红药水、紫药水这类古老的药水。尤其是红药水，杀毒能力不强，还容易导致过敏，同时不利于环保，已经被弃用了。紫药水可以用于烧、烫伤以及感染时间较长的伤口，但是现在也基本被其他药品代替。如果打架造成猫咪犬齿折断，并不需要主人做特殊处理。不过，为了防止猫咪抓挠开始结痂的伤口，最好给它戴上伊丽莎白圈。

防止猫咪溜出门

Question

猫咪总是会自己溜到外面玩耍，虽然它会按时回家，但我们总怕它走丢了，该怎么办呢？

Answer

猫咪会经常出去玩是因为它觉得家里很无聊，外面的世界更精彩。主人可以多为猫咪准备一些打发时间的项目，打消它外出的念头。

首先要做的肯定是关紧门窗，但要给猫咪设置"景观房"，让它可以看到外面的世界，而不需要采用溜出去的方式。给它一张垫子，让它看得更舒服。出门时，给猫咪留下足够有趣的玩具，当它觉得无聊时，可以用其打发时光。当然，主人有时间，猫咪又比较听话配合，可给它们戴上项圈带着它们多外出散步，满足猫咪对外界的好奇。总之，平时加强对猫咪的生活和行为管理。同时让猫咪在家里能玩得有乐趣，并关好"逃跑"通道就可以了。

猫咪注射疫苗后精神不佳

Question
猫咪打完疫苗后特别没精神,是不是出了什么问题?

Answer
要区别正常与不正常的现象。

猫咪打完疫苗体温略微升高、没精神、易困的现象是很正常的现象。因为注射疫苗的过程就是向猫咪身体内注射弱化的细菌,使它们体内自行产生抗体,从而获得免疫力。不要过于担心,这些现象过两天可自行消失。但如果症状很严重,还是要及时就医。

猫咪胡子断了

Question
猫咪的胡子总是断,对它有没有什么影响?

Answer

猫咪的胡子对它们来说很重要。是特殊的感觉器官。猫咪凭借胡子来感知物体,因为胡须根部连着极细的触觉神经。胡子总断有可能是缺乏微量元素或者是玩耍打闹时,不小心弄断的,如果没有及时脱落,主人可以帮助它拔掉。新的胡须很快会长出来的。

猫咪过瘦增肥

Question 猫咪生下来就特别瘦弱，还肠胃不好，有没有办法让它长胖一点？

Answer 可以按以下方法来做。

不能单凭外表判断猫咪是否瘦弱。健康的猫咪应该是身体柔软但肌肉结实，被毛光亮，精神很好。过瘦的猫咪肩胛骨下陷，身上摸起来没有什么肌肉，被毛没有光泽，精神较差，甚至有些猫咪因为贫血而口鼻发白。先天不足的猫咪，长大后确实也会比较瘦小，并且容易患有多种疾病。如果是因为肠胃敏感，应该先考虑给猫咪吃低敏配方的猫粮，同时检测猫咪是否存在寄生虫感染。突然暴瘦的猫咪多半是疾病造成的。在增肥前，应该先找到猫咪消瘦的原因，排除相关疾病的原因。

鸡肉、蛋黄、高能罐头、扶助营养品对猫咪增肥是有益处的。其中鸡肉的蛋白质含量最高，脂肪含量低，很适合给猫咪补身体。蛋黄中有很高的脂溶性维生素，以及不饱和脂肪酸，蛋白质的含量也很高。高能罐头也同样是很好的营养品。市面上还有很多猫用营养品，也是主人的好选择。